建筑工人实用技术便携手册

管 道 工

北京土木建筑学会 编著

U0993889

中国计划出版社

图书在版编目(CIP)数据

建筑工人实用技术便携手册.管道工/北京土木建筑学会编著.—北京:中国计划出版社,2006.9
ISBN 7-80177-717-4

Ⅰ.建...　Ⅱ.北...　Ⅲ.①建筑工程－技术手册 ②管道施工－技术手册　Ⅳ.TU-62　TU81-62

中国版本图书馆 CIP 数据核字(2006)第 112656 号

建筑工人实用技术便携手册
管　道　工
北京土木建筑学会　编著
☆
中国计划出版社出版
(地址:北京市西城区木樨地北里甲 11 号国宏大厦 C 座 4 层)
(邮政编码:100038　电话:63906433　63906381)
新华书店北京发行所发行
三河富华印刷包装有限公司印刷

850×1168 毫米　1/64　55.75 印张　1931 千字
2006 年 9 月第一版　2006 年 9 月第一次印刷
分册印数　1—3000
ISBN 7-80177-717-4/TU·456
定价:120.00 元(总定价)

建筑工人实用技术便携手册

编 委 会 名 单

内容提要

本书根据建设部、劳动和社会保障部《关于建设行业生产操作人员实行职业资格证书制度的有关问题的通知》精神，按照建设部颁发的《职业技能标准》、《职业技能岗位鉴定规范》的要求，结合国家及行业最新颁布实施的质量验收规范、技术标准、操作规程、职业健康和安全等编写，主要内容包括建筑安装工程中管道施工用材料、管道的连接与敷设、管道的安装、管道试验与吹洗等知识。

本书内容新颖，实用性强，语言简洁，图文并茂，技术含量高，可作为建筑安装工程施工中管道工岗位培训教材，也可供建筑工程施工技术人员、监理人员使用和参考。

前 言

根据建设部、劳动和社会保障部《关于建设行业生产操作人员实行职业资格证书制度的有关问题的通知》(建人教[2002]76 号)精神，结合建设部颁发的《职业技能标准》、《职业技能岗位鉴定规范》的要求，为全面提高建设领域职工队伍整体素质，满足建筑工人的实际工作需要，尤其是加快培养具有熟练操作技能的技术工人，加强对建筑工程施工质量的保证与控制，促进建筑安装工程施工新技术、新工艺、新材料的推广与应用，北京土木建筑学会组织编写了这套《建筑工人实用技术便携手册》丛书。

本套丛书共包括了建筑施工领域中的混凝土工、钢筋工、砌筑工、架子工、测量放线工、防水工、木工、抹灰工、油漆工、装饰装修工、建筑电工、水暖工、通风工、管道工、安装起重工计 15 个工种(岗位)建筑安装实用技术手册，内容涵盖了建筑工程各分项工程的施工要点以及各工种的施工技术要求。

丛书结合了国家及建筑行业最新颁布实施的质量验收规范和相关技术标准、操作技术规程、职业健康与安全要求等，力求做到技术内容最新，文字通俗易懂、深入浅出，并辅以大量插图、表格和生动语言描述，能满足不同文化层次的技术工人及读者的需要。

需要说明的是，为了方便读者携带和使用，受篇幅限制，部分施工技术内容未能收入本丛书。同时限于编者水平，本丛书难免有疏漏和错误之处，欢迎广大读者批评指正，以便本丛书再版时修订。

编　者

2006 年 9 月　北京

目　录

第1章 材 料

1.1 钢 管

1.1.1 焊接钢管

焊接钢管的全称是低压流体输送用焊接钢管，如果是镀锌管则称为低压流体输送用镀锌焊接钢管。由于全称太长，故通常称为焊接钢管或镀锌焊接钢管，俗称黑铁管和白铁管，这种管材过去称为水煤气管。

焊接钢管用炉焊法或高频焊法焊接而成，管壁纵向有一条焊缝，但从外壁上不容易看出来，如果从内壁看，焊缝是一条凸起的纵向棱线。钢管的材质是普通碳素钢，牌号为Q235A、Q215A、Q195或供货方选择的易于焊接的其他软钢。

根据壁厚的不同，焊接钢管分为普通管和加厚管两种。按照过去的规定，普通管的工作压力为1.0MPa，加厚管的工作压力为1.6MPa，但是在新的产品标准中，只对管材的试验压力做了规定，即仍与过去一样，普通管为2.5MPa(旧标准原规定为2.0MPa)，加厚管为3.0MPa，没有提到工作压力。这就为今后设计人员在不同场合下确定这种管材的工作压力留出了一定的自由空间，焊接钢管的规格见表1—1。

表 1－1　　焊接钢管外径、壁厚及其允许偏差和理论重量表

公称直径		外　径		普通钢管			加厚钢管		
				壁　厚		理论重量(kg/m)	壁　厚		理论重量(kg/m)
mm	in	公称尺寸(mm)	允许偏差	公称尺寸(mm)	允许偏差(%)		公称尺寸(mm)	允许偏差(%)	
6	1/8	10.0		2.00		0.39	2.50		0.46
8	1/4	13.5		2.25		0.62	2.75		0.73
10	3/8	17.0		2.25		0.82	2.75		0.97
15	1/2	21.3		2.75		1.26	3.25		1.45
20	3/4	26.8	±0.50	2.75		1.63	3.50		2.01
25	1	33.5		3.25		2.42	4.00		2.91
32	11/4	42.3		3.25	+12	3.13	4.00	+12	3.78
40	11/2	48.0		3.50	－15	3.84	4.25	－15	4.58
50	2	60.0		3.50		4.88	4.50		6.16
65	21/2	75.5		3.75		6.64	4.50		7.88
80	3	88.5		4.00		8.34	4.75		9.81
100	4	114.0	±1%	4.00		10.85	5.00		13.44
125	5	140.0		4.00		13.42	5.50		18.24
150	6	165.0		4.50		17.81	5.50		21.63

按管形式，分为不带螺纹钢管(光管)和带螺纹钢管。

在施工现场镀锌钢管不能和非镀锌钢管混放。镀锌管必须单独放置，如在室外，不能放在地上，应堆放在垫木

上，还应搭棚遮阳避雨。对钢管及管件，要检查有无裂纹、夹渣、折叠、重皮等缺陷及锈蚀程度，对镀锌管还要检查镀锌层有无脱落和泛白现象，对管件和带螺纹的管材还要检查螺纹有无断丝、缺丝及螺纹精度、光洁度是否符合要求。

1.1.2　螺旋缝焊接钢管

螺旋缝钢管采用热轧钢带卷经高温成形后焊接而成。螺旋缝钢管有四种标准，其中标准 SY 5036、SY 5037 直径范围较大（ϕ323.9～ϕ1020），焊缝为埋弧焊；标准 SY 5038、SY 5039 直径范围较小（ϕ168.3～ϕ406.4）焊缝为高频搭焊。

螺旋缝焊接钢管的材质可采用普通碳素钢 Q235、低合金钢 16Mn 等材质。

按以上标准生产的螺旋缝钢管，产品出厂前的静水试验压力按下式计算，但最大不得超过 15MPa。

$$P_s = \frac{2St}{D} \tag{1-1}$$

式中　P_s——管子材料的试验压力（MPa）；

S——压试验的试验应力（N/mm²），可参考 $[\sigma]_{min}$，$[\sigma]_{min}$ 为规定的母材屈服强度最小值（N/mm²）；

t——钢管公称壁厚（mm）；

D——钢管外径（mm）。

1.1.3 常用无缝钢管

一般常用无缝钢管的材质为10或20号优质碳素钢。根据需要也可以采用普通低合金钢16Mn、15MnV或铬钼合金结构钢(如12CrMo、15CrMo等)。

无缝钢管材质均匀,强度高,耐腐蚀性能比焊接钢管好,适用于一般流体及易燃、易爆、有毒介质。根据生产方法的不同,无缝钢管有热轧和冷拔(轧)两种产品,热轧管的直径范围较大,冷拔(轧)管只适于生产直径较小的管材。

同一个外径的无缝钢管可以有若干种不同的壁厚,因此,其规格标注方法是外径乘以壁厚,如$\phi108\times4$、$\phi108\times5$。

钢管的力学性能见表1－2。热轧无缝钢管和冷拔(轧)无缝钢管的常用规格见表1－3和表1－4。

表1－2　钢管的力学性能

牌号	抗拉强度 σ_b (N/mm²)	屈服点 σ_s (N/mm²)		伸长率 δ_5 (%)
		s①≤15mm	s>15mm	
		不小于		
10	335～475	205	195	24
20	390～530	245	235	20
09MnV	430～610	295	285	22
16Mn	490～665	325	315	21

注:①s为管壁厚。

表 1—3　　热轧无缝钢管常用规格

外径(mm)	壁厚(mm)								
	3	3.5	4	4.5	6	7	8	9	10
	理论重量(kg/m)								
38	**2.59**	2.98	—	—	—	—	—	—	—
45	**3.11**	3.58	—	—	—	—	—	—	—
51	**3.77**	4.36	—	—	—	—	—	—	—
57	**3.99**	4.62	—	—	—	—	—	—	—
73	—	**6.00**	6.81	7.60	—	—	—	—	—
76	—	**6.26**	7.10	7.93	—	—	—	—	—
89	—	**7.38**	8.38	9.33	—	—	—	—	—
108	—	—	**10.26**	10.26	—	—	—	—	—
133	—	—	**12.72**	14.26	—	—	—	—	—
159	—	—	—	**17.14**	22.64	—	—	—	—
219	—	—	—	—	**31.52**	36.6	41.63	—	—
273	—	—	—	—	—	**45.92**	52.28	58.59	—
325	—	—	—	—	—	—	**62.54**	70.13	77.68
377	—	—	—	—	—	—		**81.67**	90.51
426	—	—	—	—	—	—	—	**92.55**	102.59
530	—	—	—	—	—	—	—	**115.63**	128.23

注：黑体对应栏为中、低压管道常用规格及最小壁厚。

表1—4　　冷拔(冷轧)无缝钢管规格

外径(mm)	壁厚(mm)						
	1	1.5	2.0	2.5	3.0	3.5	4.0
	理论重量(kg/m)						
10	0.222	0.314	0.395				
12	0.271	0.388	0.493				
14	0.321	0.462	0.592				
16	0.370	0.536	0.691				
18	0.419	0.610	0.789				
20	0.469	0.684	0.888				
22	0.518	0.758	0.986				
25		0.869	1.13	1.39	1.63		
28		0.98	1.28	1.57	1.85		
30		1.05	1.38	1.70	2.00		
32			1.48	1.82	2.15		
38			1.78	2.19	2.59	2.98	
45			2.12	2.62	3.11	3.58	
48			2.27	2.81	3.33	3.81	
51				2.99	3.55	4.10	4.64
57				3.36	4.00	4.62	5.23
60				3.55	4.22	4.88	5.52
73				4.35	5.18	6.00	6.81
76				4.53	5.40	6.26	7.10
89				5.33	6.36	7.38	8.38
108					7.77	9.02	10.26
133					9.62	11.18	12.72

1.1.4 专用无缝钢管

无缝钢管在工业生产中应用广泛，有低、中压锅炉用无缝钢管、石油裂化用无缝钢管、化肥用高压无缝钢管、不锈钢无缝钢管等。

1. 低、中压锅炉用无缝钢管

低、中压锅炉用无缝钢管材质为20号或10号优质碳素钢，适于做锅炉的沸水管和过热蒸汽管，其机械性能应符合表1—5的规定。

表1—5　低、中压锅炉无缝钢管机械性能

<table>
<tr><th>牌号</th><th>壁厚
(mm)</th><th>抗拉强度
σ_b
(N/mm^2)</th><th>屈服点
σ_s
(N/mm^2)</th><th>伸长率
σ_5
(%)</th></tr>
<tr><td>10</td><td>全部</td><td>333～490</td><td>196</td><td>24</td></tr>
<tr><td rowspan="2">20</td><td><15</td><td rowspan="2">392～588</td><td>245</td><td rowspan="2">20</td></tr>
<tr><td>≥15</td><td>226</td></tr>
</table>

2. 不锈钢无缝钢管

不锈钢无缝钢管分为热轧(热挤压)和冷拔(冷轧)两类，有多种外径和不同的壁厚，材质有多种不锈钢牌号可供选择。不锈钢热轧、热挤压无缝钢管的常用规格见表1—6，不锈钢冷轧(冷拔)无缝钢管的常用规格见表1—7。

表 1—6　　不锈钢热轧、热挤压

无缝钢管常用规格

外径	壁厚(mm)											
(mm)	4.5	5	5.5	6	6.5	7	7.5	8	8.5	9	9.5	10
54	×	×	×	×	×	×						
57	×	×	×	×	×	×						
60	×	×	×	×	×	×	×	×				
73		×	×	×	×	×	×	×				
76		×	×	×	×	×	×	×				
89		×	×	×	×	×	×	×				
108		×	×	×	×	×	×	×				
114		×	×	×	×	×	×	×	×	×		
127		×	×	×	×	×	×	×	×	×		
133		×	×	×	×	×	×	×	×	×		
140		×	×	×	×	×	×	×	×	×		
159		×	×	×	×	×	×	×	×	×		
168							×	×	×	×	×	×
194							×	×	×	×	×	×
219							×	×	×	×	×	×
225							×	×	×	×	×	×

注：1. 本表仅列出了常用规格；表中“×”号表示已有的产品规格；

2. 管材钢号：常用 0Cr13、1Cr13、2Cr13、3Cr13、1Cr17Ni2、1Cr25Ti、1Cr21Ni5Ti、0Gr18Ni9Ti、00Cr18Ni10 等钢号；

3. 管材水压试验压力按下式：

$$P=\frac{2sR}{D}$$

式中 P——试验压力(MPa)；

s——钢管最小壁厚(mm)；

R——许用应力(N/mm^2)，一般取钢号抗拉强度的 40%；

D——公称内径(mm)。

表 1—7　　不锈钢冷轧(冷拔)无缝钢管常用规格

外径	壁厚(mm)							
(mm)	2	2.5	3	3.5	4	4.5	5	6
25	×	×	×	—	—	—	—	—
32	×	×	×	—	—	—	—	—
38	×	×	×	×	—	—	—	—
45	—	×	×	×	×	×	—	—
57	—	—	×	×	×	×	×	×
外径	壁厚(mm)							
(mm)	3	3.5	4	4.5	5	6	7	8
76	×	×	×	×	—	—	—	—
89	×	×	×	×	—	—	—	—
108	—	—	×	×	×	×	—	—
133	—	—	×	×	×	×	×	—
159	—	—	×	×	×	×	×	×

注：1. 本表只列出了常用规格；

2. 材质钢号：0Cr13、1Cr13、2Cr13、3Cr13、1Cr17Ni12、1Cr25TC、0Cr18Ni9Ti、00Cr18Ni10 等；

3. 管材水压试验压力计算公式同表 1—6 注(3)。

4. 表中画“×”表示已有的产品规格。

1.2 阀门和管道附件

1.2.1 阀门

1. 阀门型号的表示方法

阀门型号由表示阀门的类型、传动方式、连接形式、结构形式、阀门密封面或衬里材料、公称压力和阀体材料等七个单元组成，其表示方法如下：

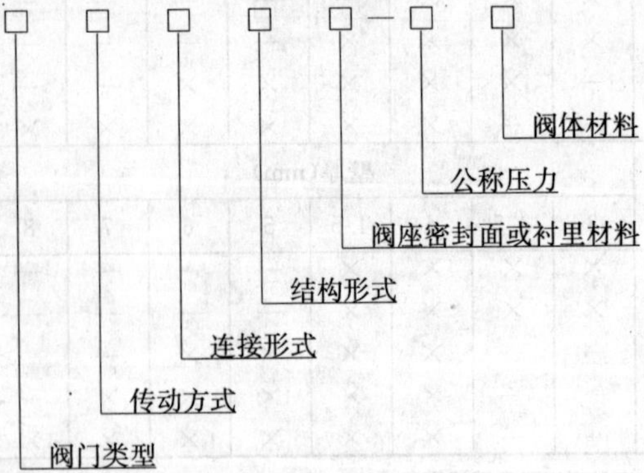

(1) 阀门类型。用汉语拼音字母表示阀门类型，见表1—8。

表 1—8　　　　　　**阀门类型代号**

类型	代号	类型	代号
闸阀	Z	旋塞阀	X
截止阀	J	止回阀、底阀	H
节流阀	L	安全阀	A
球阀	Q	减压阀	Y
蝶阀	D	疏水阀	S
隔膜阀	G		

注:低温(低于−40℃)、保温(带加热套)、带波纹管和抗硫的阀门,在类型代号前分别加汉语拼音字母 D、B、W 和 K。

(2)传动方式。传动方式是指阀门开启或关闭时的传动方式,用 0～9 十个阿拉伯数字表示电磁动、气动、液压动、电动或其他机械性(如蜗轮、齿轮)传动方式。对于手轮、手柄及安全阀、减压阀、疏水阀这些最常用的形式,则可以省略此项传动方式代号,这也是日常施工中应用最多的情况。

(3) 连接形式。连接形式是指阀门与管道的连接形式,其代号用一位阿拉伯数字表示,具体规定见表 1—9。

表 1—9　　　　　　**连接形式代号**

连接形式	代　号	连接形式	代　号
内螺纹	1	对夹	7
外螺纹	2	卡箍	8
法兰	4	卡套	9
焊接	6		

注:焊接包括对焊和承插焊。

上表代号中，内螺纹连接代号“1”和法兰连接代号“4”最为常用。

(4) 结构形式。结构形式是指各种类型阀门的内部结构形式。各类阀门的结构形式的种类不同，各自用一位阿拉伯数字表示，这样繁多的代号很难记得住，也没有这个必要，必要时查有关资料就可以了，这里不再介绍。

(5) 阀门密封面或衬里材料。阀门关闭时，其内部的密封面或衬里材料用汉语拼音字母表示，见表 1—10。

表 1—10　　**阀门密封面或衬里材料代号**

密封面或衬里材料	代号	密封面或衬里材料	代号
铜合金	T	橡胶	X
合金钢	H	尼龙塑料	N
锡基轴承合金(巴氏合金)	B	氟塑料	F
渗氮钢	D	搪瓷	C
硬质合金	Y	衬胶	J
渗硼钢	P	衬铅	Q

注：由阀体直接加工的阀座密封面，材料代号用“W”表示；当阀座和阀瓣(闸板)密封面材料不同时，用低硬度材料代号表示(隔膜阀除外)。

表 1—10 中，代号 T、H、Y、X 及附注中的 W 应用较多。

(6) 公称压力。阀门的公称压力用阿拉伯数字标准，其值为 10 倍的兆帕(MPa)数值，实际上也可以理解为，仍用 kgf/cm^2 标注，如阀门的公称压力标注为 *PN*16，表示其公称压力为 1.6MPa(或 $16kgf/cm^2$)。

2. 常用阀门

(1) 闸阀。闸阀是启闭件(闸板)由阀杆带动、沿阀座密封面作升降运动的阀门。闸阀属于截断类阀门,不宜作调节流量或压力使用,其特点是阻力小,结构长度较短,介质可以双向流动,没有方向限制,闸阀外形见图1—1。

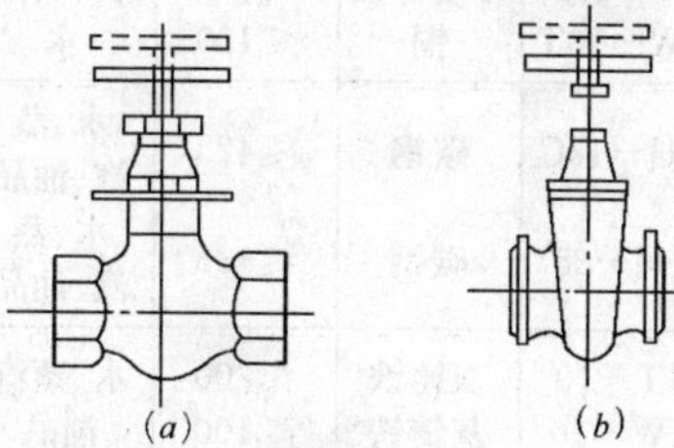

图1—1　闸阀外形

(a)内螺纹闸阀;(b)法兰闸阀

闸阀按闸杆结构分为明杆和暗杆两种:明杆闸阀可以从外观判断阀门的开启程度,螺杆便于清洗,适用于室内或有一定腐蚀性介质的管道上;暗杆闸阀的螺杆在阀体内,开闭时螺杆和手轮均不上升或下降,此种闸阀适用于非腐蚀性介质及安装在日常操作位置受限制的地方。

闸阀的闸板有楔式、平行式和弹性等数种,其中又分为单闸板和双闸板。

一般工程中常用的闸阀型号、规格见表1—11。

表 1－11　　　　　闸阀常用型号、规格

名　称	型　号	阀体材料	使用温度（℃）	适用介质	公称直径 *DN*
内螺纹暗杆楔式闸阀	Z15T－10	灰铸铁	≤120	水、蒸汽	15～80
	Z15W－10	灰铸铁	≤120	煤气、油品	15～65
	Z15T－10K	可锻铸铁	≤200	水、蒸汽	15～100
	Z15W－10T	铜	≤100	水	15～100
内螺纹明杆楔式闸阀	Z11H－16C	碳钢	≤425	水、蒸汽、油品	15～25
	Z11H－25	碳钢	≤425	水、蒸汽、油品	15～50
明杆楔式闸阀	Z41T－10	灰铸铁	≤200	水、蒸汽	50～450
	Z41W－10	灰铸铁	≤100	油品	50～450
	741H－10	灰铸铁	≤200	水、蒸汽	50～300
明杆平行式双闸板闸阀	Z44T－10	灰铸铁	≤200	水、蒸汽	50～400
	Z44W－10	灰铸铁	≤100	油品	50～400
明杆楔式单闸板闸阀	Z41H－16C	碳钢	≤425	水蒸气、油品	50～400
	Z41H－16Q	球墨铸铁	≤325	水、蒸汽、油品	50～250
	Z41H－25	碳钢	≤425	水、蒸汽、油品	15～400
	Z41H－25Q	球墨铸铁	≤300	水、蒸汽、油品	50～300

(2) 截止阀。截止阀是启闭件(阀瓣)由阀杆带动、沿阀座轴线作升降运动的阀门。截止阀也是截断类阀门,理论上讲,不宜用来调节介质的压力、流量,但在使用习惯上,有时还用串联两个截止阀的方法来调节介质的压力和流量。

截止阀的特点是密封性好,结构简单,可以调节流量,启闭操作容易,便于制造和维修,但阻力较大,只能用于介质单向流动的管道上。广泛用于高、中、低压管道,在蒸汽等气体介质管道上常用于全启或全闭操作。截止阀的结构长度比闸阀大,公称直径范围小,一般在 *DN*200 以内。截止阀的常用型号、规格见表 1－12,外形见图 1－2。

表 1－12　　　　**截止阀常用型号、规格**

名称	型号	阀体材料	使用温度(℃)	适用介质	公称直径 *DN*
内螺纹截止阀	J11X－10	灰铸铁	≤50	水	15～65
	J11W－10T	铸铜	≤200	水、蒸汽	15～65
	J11T－16	灰铸铁	≤200	水、蒸汽	15～65
	J11W－16	灰铸铁	≤100	油品	15～65
	J11H－16	灰铸铁	≤200	水、蒸汽、油品	15～65
截止阀	J41T－16	灰铸铁	≤200	水、蒸汽	15～200
	J41H－16	灰铸铁	≤200	水、蒸汽、油品	15～200
	J41H－25	碳钢	≤425	水、蒸汽、油品	15～200
	J41H－25K	可锻铸铁	≤300	水、蒸汽、油品	15～100
	J41H－25Q	球墨铸铁	≤350	水、蒸汽、油品	15～200

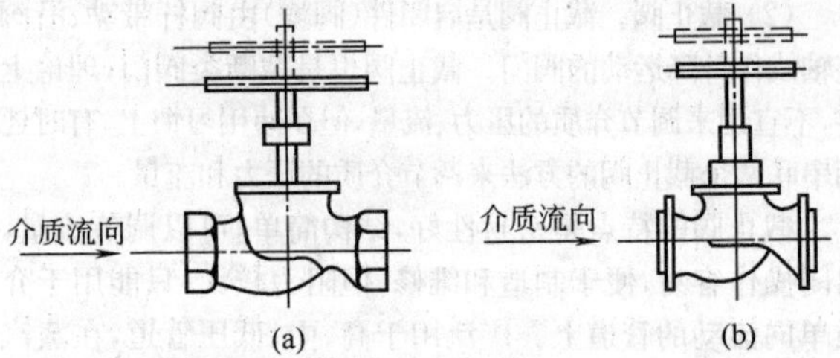

图 1－2　截止阀外形

(*a*)内螺纹截止阀；(*b*)法兰截止阀

(3) 止回阀。止回阀是指启闭件(阀瓣)借助介质作用力、自动阻止介质倒流的阀门。

止回阀分为升降式和旋启式两大类。一般升降式止回阀只能安装在水平管道上，但也有一种立式止回阀，由于阀瓣上部有辅助弹簧，阀瓣可在弹簧力的作用下关闭，因此可以安装在水平或垂直管道上(但介质必须自下向上流动)。旋启式止回阀的阀瓣绕阀体内的固定轴作旋转运动，以实现其开启或关闭，此种止回阀宜安装在水平管道上，但也可以安装在倾斜或垂直管道上，但介质应自下向上流动。各种止回阀只适用于黏度小的清洁介质，当介质黏度大或有固体颗粒时，不能使用。大口径管道上一般使用旋启式止回阀。

止回阀的常用型号、外形见图 1－3，规格见表 1－13。

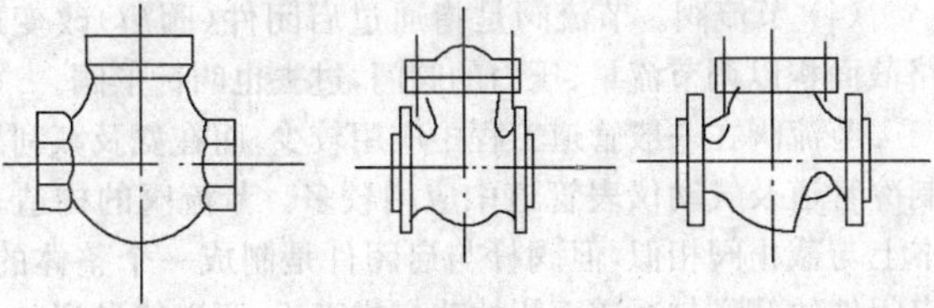

图 1—3 止回阀外形

(*a*)内螺纹升降式止回阀;(*b*)法兰旋启式止回阀;(*c*)法兰升降式止回阀

表 1—13 止回阀常用型号、规格

名称	型号	阀体材料	使用温度(℃)	适用介质	公称直径 *DN*
内螺纹升降式止回阀	H11T—16	灰铸铁	≤200	水、蒸汽	15～65
	H11H—16	灰铸铁	≤200	水、蒸汽	15～65
	H11W—16	灰铸铁	≤100	油品、煤气	15～65
升降式止回阀	H41H—10	灰铸铁	≤100	水、蒸汽、油品	15～100
	H41X—10	灰铸铁	≤60	水	15～150
	H44T—10	灰铸铁	≤200	水、蒸汽	50～600
	H41T—16	灰铸铁	≤200	水、蒸汽、油品	15～200
	H41W—16	灰铸铁	≤100	油品	15～200
	H41H—16	灰铸铁	≤200	水、蒸汽	15～200
旋启式止回阀	H44T—10	灰铸铁	≤200	水、蒸汽	50～600
	H44W—10	灰铸铁	≤100	油品、煤气	50～600
	H44X—10	灰铸铁	≤80	水	50～600

(4) 节流阀。节流阀是指通过启闭件(阀瓣)改变通路截面积以调节流量、压力的阀门,过去也叫针形阀。

节流阀在一般管道工程中应用较少,而在氨及氟利昂制冷管道及气动仪表管道中应用较多。节流阀的构造基本上与截止阀相似,但阀杆与启闭件是制成一个整体的,启闭件的升降与通道面积的改变成正比,所以能做到对介质流量和压力比较精确的调节。内螺纹节流阀的构造见图1—4,此外还有外螺纹节流阀、外螺纹角式节流阀、法兰节流阀等多种型式。

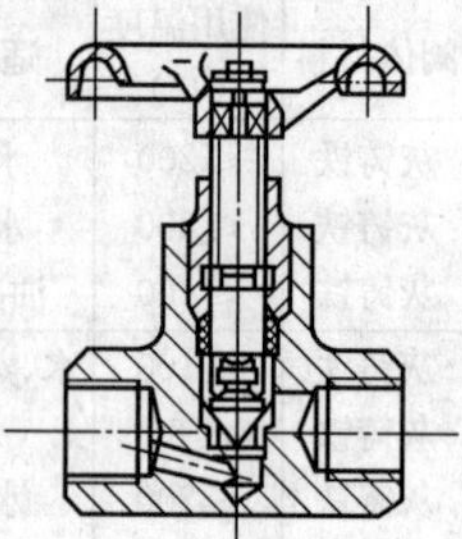

图1—4 内螺纹节流阀

(5) 旋塞阀。旋塞阀是指启闭件(塞子)绕其轴线旋转的阀门。旋塞阀是一种老式阀门,也叫旋塞、考克。旋塞阀有多种结构型式,直通式旋塞阀可以用于截断或调节介质的压力、流量，三通式及四通式旋塞阀可以用于改变介质流量或进行流量分配。旋塞阀可以水平或垂直安装。

旋塞阀对介质流动方向不限，且启闭迅速，启闭只需旋转 90°，适用全开或全闭状态下使用。旋塞阀只在某些特殊场合使用，型号也较少，公称直径为 *DN*15～*DN*150，公称压力有 0.6、1.0、1.6（MPa）三个压力等级，不适用于中、高压管，适用温度也较低，一般为 100℃以内，少数型号允许使用温度在 150～200℃以内。

常用的内螺纹旋塞阀见图 1—5。

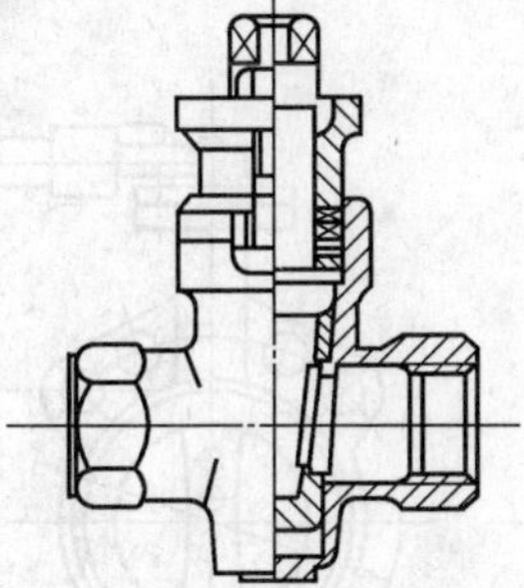

图 1—5　内螺纹旋塞阀

图 1—5 的结构型式适用于 X13W—10、X13T—10、X13W—10T、X13F—10 等型号。

（6）蝶阀。蝶阀的启闭件是蝶板，可以围绕阀座内的固定轴旋转 90°，以实现其开启或关闭。通过改变阀板的旋转角度,可以分级控制流量,因而具有较好的调节性能,并且启闭迅速。蝶阀结构简单,体积小,重量轻,外形尺寸比其他阀门小,可以做成大口径。大口径蝶阀的启闭一般采用电动、液压传动或涡轮传动方式,这类蝶阀在安装时应使传动机构置于垂直位置。带扳手的蝶阀,可以安装在管道的任何位置上。

由于蝶阀的蝶板比较单薄,其密封圈材料一般采用橡胶,因而只能用于压力和温度较低的情况下。常用的 D71X—10/16 对夹式蝶阀见图 1—6。常用蝶阀的型号、规格见表 1—14。

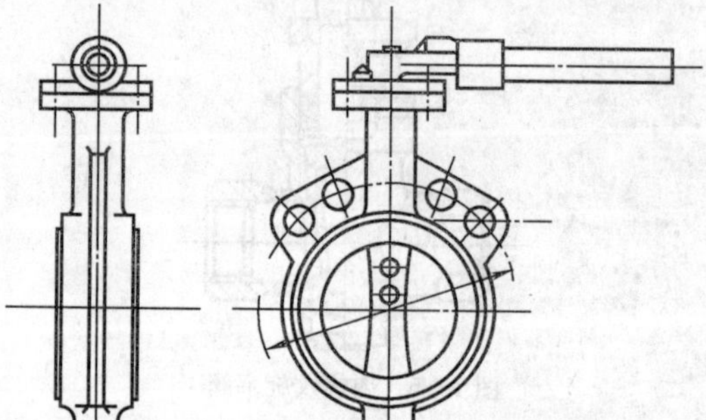

图 1—6　D71X—10/16 型对夹式蝶阀

表 1－14　　　　常用蝶阀型号、规格

名称	型号	阀体材料	使用温度（℃）	适用介质	公称直径 *DN*
对夹式蝶阀	D71X－10 D71X－16	灰铸铁 灰铸铁	≤200 ≤200	水、煤气 水、蒸汽	40～200 40～200
衬胶对夹式蝶阀	D71J－10	灰铸铁	≤65	水、腐蚀性介质	50～150
衬聚四氟乙烯对夹式蝶阀	D71F4－10	碳钢	－20～180	硫酸、氢氟酸等强腐蚀性介质	50～125
蜗轮传动对夹式中线蝶阀	D371－10 D371－16	灰铸铁 灰铸铁	－20～150 ≤200	水、蒸汽 水、蒸汽	50～800 200～600

(7) 球阀。球阀是在旋塞阀的基础上发展起来的阀门，启闭件是个球体，绕球体的垂直中心线旋转 90°，即可使球阀开启或关闭。

球阀结构简单，体积小，重量轻，密封性能好，介质流动阻力小，且流动方向不受限制。球阀的选用主要根据介质的品种和使用温度、工作压力。最常用的 Q11F－16 型内螺纹球阀的构造见图 1－7，其使用温度为 150℃以内，适用介质为水、煤气及油品，公称直径范围为 DN15 ～DN65。

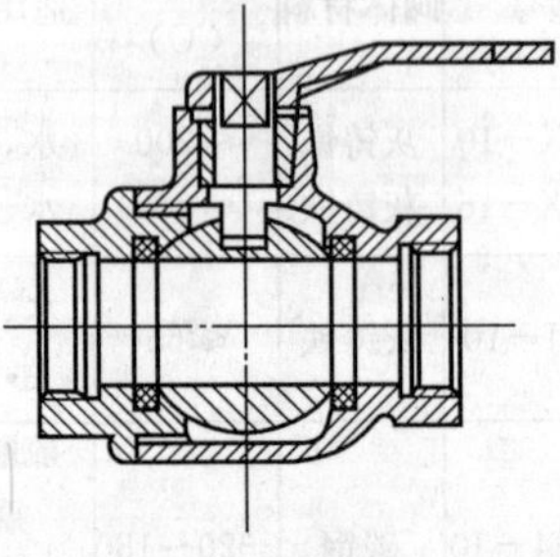

图 1—7　内螺纹球阀

(8) 减压阀。减压阀过去也称为减压器。减压阀是通过阀瓣的节流，将介质压力降低并借助阀后压力的直接作用，使阀后压力自动保持在一定范围的阀门。

传统的减压阀有三种：活塞式、薄膜式和波纹管式。活塞式减压阀应用最广，适用于较高的压力和温度，用于蒸汽的减压或压缩空气等清洁介质的减压。薄膜式减压阀可用于水和空气的减压，并能用于较高的工作压力。波纹管式减压阀只适用于直径较小，温度、压力较低的蒸汽或空气的减压。

近年来，在高层建筑的给水和消防管道系统中，广泛使用比例减压阀，这种减压阀可自动按比例调节进出口压力，实现减压要求，它最突出的优点是在静压和动压条件下都能达到满意的减压效果，同时还能起到消除水锤的作用，其减压比例有 2∶1、3∶1、4∶1、5∶1 四种，*DN*25～*DN*50 为螺纹连接，*DN*65～*DN*100 为法兰连接，可以在垂直或水平管道上安装。

(9) 疏水阀。疏水阀过去也叫疏水器，是自动排放凝结水并阻止蒸汽泄漏的阀门。常用的疏水阀有以下几种：

浮球式疏水阀(外形见图 1－8)，其原理是利用凝结水中浮动的空心球(即浮球，也称浮子)，带动启闭件动作。浮球式疏水阀的应用广泛。钟形浮子式疏水阀，过去也叫倒吊桶疏水器(外形见图 1－9)，是利用在凝结水中浮动的钟形罩带动启闭件动作的疏水阀。

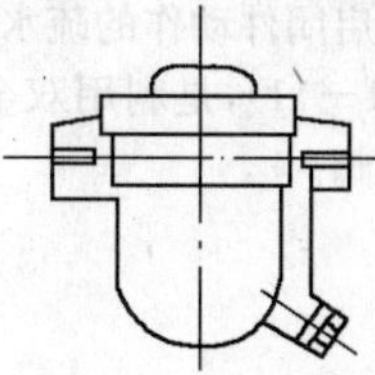

图 1－8　浮球式疏水阀外形

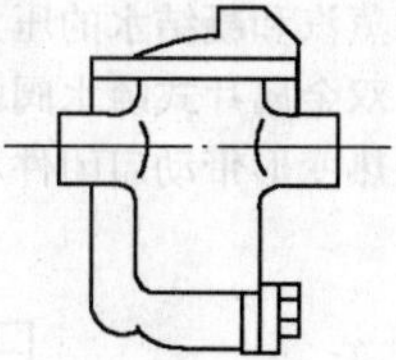

图 1－9　钟形浮子式疏水阀外形

热动力式疏水阀(外形见图 1－10)，是利用蒸汽和凝结水的不同热力性质及其静压和动压的变化，而使阀片动作的疏水阀，应用颇为广泛，但在 2000 年，国家已经淘汰了几种型号的产品:S15H－16、S19H－16、S19H－16C、S49H－16、S49H－16C、S19H－40、S49H－40、S19H－64、S49H－64,这是在会审图纸和采购材料时应当引起注意的。

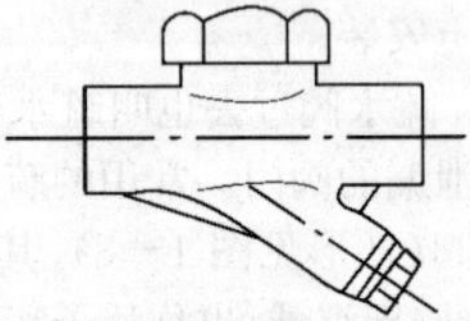

图 1－10　热动力式疏水阀外形

脉冲式疏水阀,是利用蒸汽在两级节流中的二次蒸发导致蒸汽和凝结水的压力变化而使启闭件动作的疏水阀。

双金属片式疏水阀(外形见图 1－11),是利用双金属片受热变形带动启闭件动作的疏水阀。

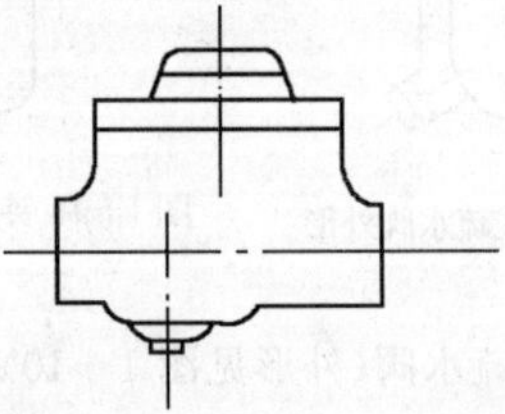

图 1－11　双金属片式疏水阀外形

(10) 安全阀。安全阀是一种安全保护用阀。在压力管道和各种压力容器上，为了控制压力，使其不超过允许数值，需要装设安全阀。安全阀具有一定的压力适应范围，使用时可按需要调整定压，如果实际压力超过定压数值，安全阀阀瓣便被顶开，通过向外排放介质来防止压力超过规定数值。当通过排放介质使压力降低以后，阀瓣在弹簧力作用下被推回阀座，重新关闭。

安全阀主要有弹簧式、重锤式（即杠杆式）和先导式（即脉冲式）三种类型。重锤式安全阀是一种老式安全阀，靠杠杆和重锤来平衡阀瓣压力，优点是比较可靠，缺点是比较笨重，外形尺寸大，回座压力低。这种老式安全阀的应用已日渐减少，在多数场合已被弹簧安全阀代替。先导式安全阀是把主阀和副阀连接在一起，通过副阀的脉冲作用驱动主阀动作，其特点是动作灵敏，密封性好，通常用于大口径安全阀。

应用最普遍的是弹簧式安全阀。根据阀瓣开启高度的不同，分为全启式和微启式两种。全启式是指阀瓣的开启高度大于或等于阀座直径的 1/4；微启式是指阀瓣的开启高度为阀座直径的 1/40～1/20。全启式安全阀泄放量大，回弹力好，适用于气体和液体介质。选用全启式还是微启式安全阀，应根据介质泄放量来决定。

弹簧式安全阀的外形见图 1－12，按结构型式又分为封闭式和不封闭式。易燃、易爆及有毒介质应采用封闭式安全阀，空气、蒸汽或其他一般介质可采用不封闭式安全阀。

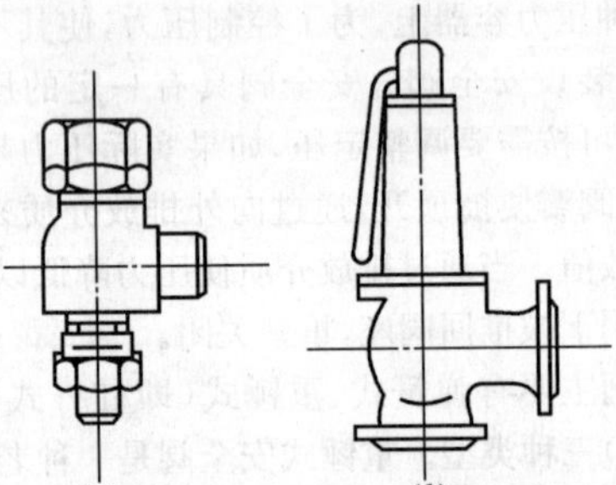

图 1—12　弹簧安全阀

(a)外螺纹弹簧安全阀；(b)法兰弹簧安全阀

安全阀的安装要注意以下几点：

1）一般情况下，安全阀的前后均不能安装截断阀。如果管道介质中含有固体杂质，安全阀起跳后回座不能关严时，可以在安全阀前面安装闸阀或截止阀，但要保证全部开启，并加铅封。闸阀或截止阀宜采用明杆阀门，以便能从外观上判断阀门是否保持开启状态；

2）安全阀要垂直安装，管道、容器与安全阀之间要保持通畅。当几个安全阀并联安装时，进出口主管的截面积应不小于各支管截面积之和；

3）当安全阀将泄放介质单独排入大气时，其出口管道的压力降应不大于其定压值的 10%，但管道直径不应小于安全阀出口直径；

4）油气介质一般可排入大气，其出口管道高度应高于装置最高构筑物3m，但有以下情况者要考虑排入密闭系统，以保证安全：

① 水平距离15m以内有火源；

② 介质系毒性气体；

③ 高温油气排入大气有着火危险时；

④ 当排入密封系统比排至最高构筑物以上3m更为经济时。

（11）其他阀类：

1）电磁阀。管道安装工程中，电磁阀通常用于水、气体及低黏度油品介质，小型电磁阀的公称直径一般为15～50mm。电磁阀安装时应注意以下几个问题：

① 阀体保持垂直位置，并注意介质流向与阀门要求一致；

② 严禁用于有爆炸性气体的场合；

③ 通过电磁阀的介质温度应在0～150℃范围之内；

④ 工作环境温度范围为－30～40℃，相对湿度不大于95％。

2）浮球阀。浮球阀安装在水箱或水池的进水管口上，能自动控制水箱的水位保持一定的高度。当因用水而使水位降低时，浮球便会随水面下降，此时会带动连杆动作，使浮球阀开启进水，当水面上升时，浮球阀随之浮起至一定高度，带动连杆反向移动，使浮球阀关闭，如此周而复始，实现水箱、水池内水位的自动控制。常用的 *DN*15～*DN*65 浮球阀见图 1－13 及表 1－15。

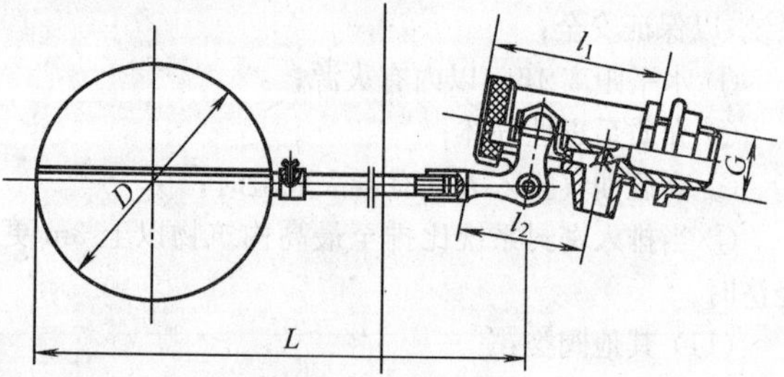

图 1－13　浮球阀

表 1－15　**常用浮球阀规格**

公称直径 *DN*	尺寸(mm)				工作压力 (MPa)	试验压力 (MPa)	适用场合
	l_1	l_2	L	D			
15	53	40	640	110	0.6	0.9	水箱、水池自动给水
20	85	64	840	150	0.6	0.9	
25	90	70	840	150	0.6	0.9	
32	110	80	900	200	0.6	0.9	
40	115	95	1050	200	0.6	0.9	
50	140	100	1050	200	0.6	0.9	
65	165	115	1050	200	0.6	0.9	

1.2.2 管道附件

管道附件是管件、法兰、阀门以及过滤器、除污器、油水分离器等管道专用部件的统称。管道系统中用的除污器、过滤器、油水分离器都是按标准图加工制造的，不再介绍。下面仅介绍常用管件、Y 型过滤器和橡胶柔性接头。

1. 常用管件

(1) 可锻铸铁管件。可锻铸铁管件也称马铁管件或玛钢管件，就是焊接钢管和镀锌焊接钢管使用的螺纹连接管件，其螺纹系英制 55°圆锥管螺纹，规格为$\frac{1}{8}$英寸至 6 英寸，管道安装工程中的常用规格为$\frac{1}{2}$、$\frac{3}{4}$、1、1 $\frac{1}{4}$、1 $\frac{1}{2}$、2、2 $\frac{1}{2}$、3、4 英寸(5～6 英寸较少使用)，公称压力为 1.6MPa，适用工作温度不超过 200℃。常用管件外形见图 1—14。

(2) 钢制管件。钢制管件分为无缝管件和有缝管件两大类，其外形见图 1—15～图 1—17。

按照有关产品标准的规定，无缝管件的规格为 *DN*50～*DN*600，有缝管件的规格为 *DN*300～*DN*1000，不同的压力等级有不同的壁厚。钢制焊接管件的使用要遵照工程设计的具体要求，以确定管件的材质、壁厚，并参考生产厂家的产品说明书。

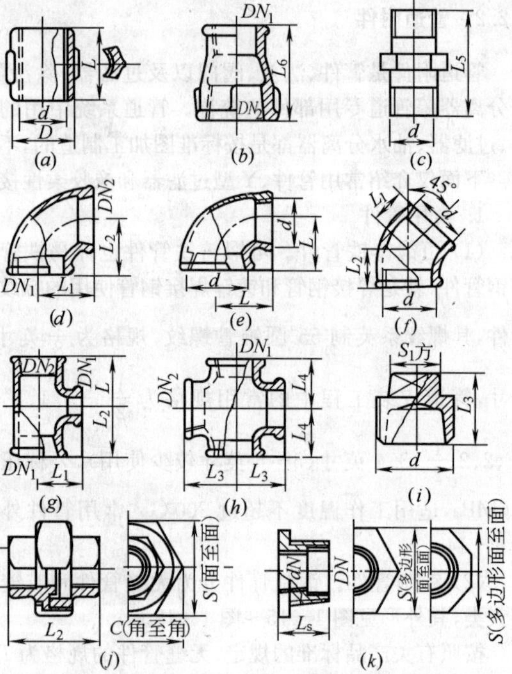

图 1—14　常用管件外形

(*a*)管接头(管箍);(*b*)异径管接头;(*c*)外接头(丝头);(*d*)弯头;
(*e*)异径弯头;(*f*)45°弯头;(*g*)三通(异径三通);(*h*)四通(异径四通);
(*i*)方形丝堵;(*j*)活接头(由任);(*k*)补芯(内外螺纹管接头)

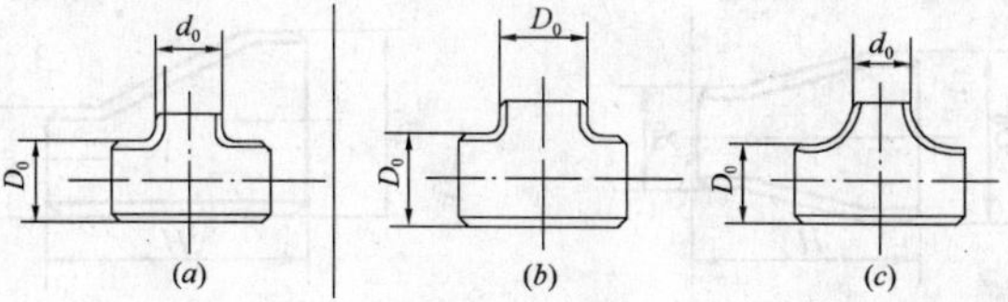

图 1－15　三通

(*a*)无缝等径、异径三通；(*b*)有缝等径三通；(*c*)有缝异径三通

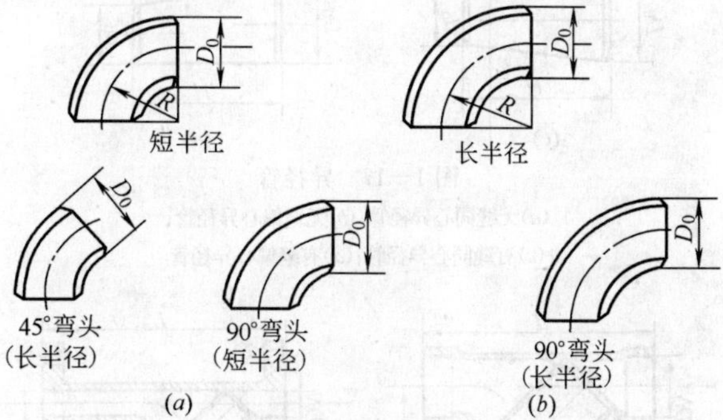

图 1－16　弯头

(*a*)无缝弯头；(*b*)有缝弯头

短半径($R=DN$)；长半径($R=1.5DN$)

2. Y 型过滤器

Y 型过滤器除与减压阀配套使用外，还可以用于给水、热水、蒸汽及油品管道等需要除去机械性杂质的场合。Y 型过滤器结构见图 1－18，规格见表 1－16。

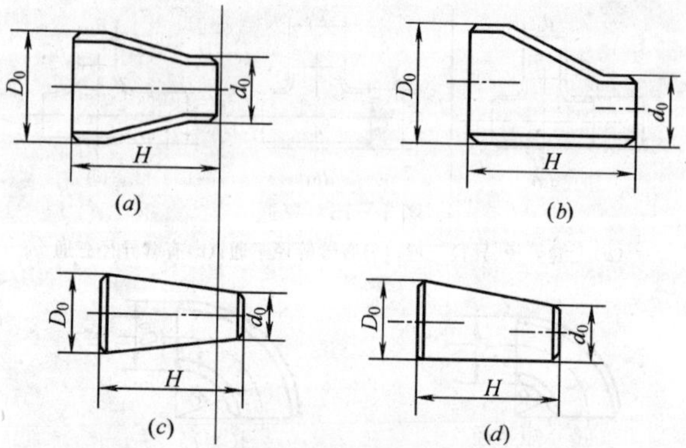

图 1—17　异径管

(*a*)无缝同心异径管；(*b*)无缝偏心异径管；

(*c*)有缝同心异径管；(*d*)有缝偏心异径管

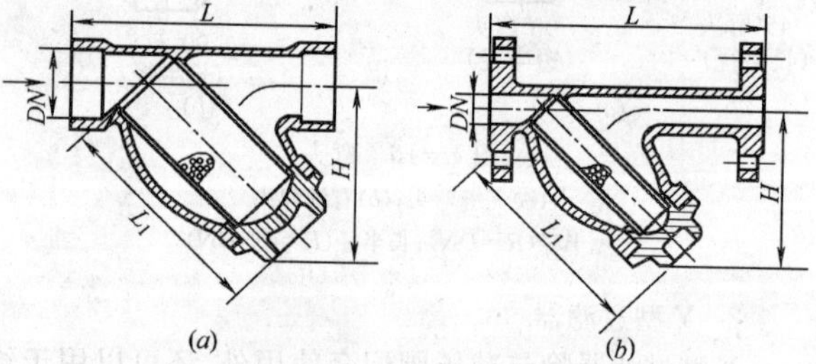

图 1—18　Y 型过滤器

(*a*)螺纹连接(*DN*15～*DN*50)；(*b*)法兰连接(*DN*15～*DN*400)

表 1－16　　Y 型过滤器法兰连接式外形尺寸

公称直径 DN (mm)	外形尺寸(mm)		重量 (kg)
	L	L_1,H	
15	180	118	4.2
20	200	125	5.5
25	220	138	7.1
32	240	155170	10.8
40	270	188	12
50	300	220	17
70	350	242	20.8
80	380	274	27
100	420	300	38.5
125	480	348	54
150	530	428	78
200	650	508	155
250	750	575	240
300	850	690	325
350	950	835	390
400	1150		550

注:各厂家产品尺寸不尽相同。

Y 型过滤器安装应注意以下事项:

(1) Y 型过滤器前后均应安装阀门,以便必要时清理过滤器;

(2) 按介质流动方向安装，不要装反；

(3) Y型过滤器的排污盖处于45°斜下方，并留出抽出其内部滤筒的空间。

3. 橡胶柔性接头

在金属管道上使用橡胶柔性接头，可以吸收管道的角向位移和轴向压缩、拉伸，从而减小或消除管道的内应力，防止管道损坏，保障安全运行；柔性接头还具有减振和降低噪声的功能。在高层建筑的生活给水和消防给水立管上，常用这种接头，以吸收由于季节变化而引起的管道长度的微量变化。

柔性橡胶接头的结构见图1－19，技术参数见表1－17，其最小公称直径为 *DN*32。

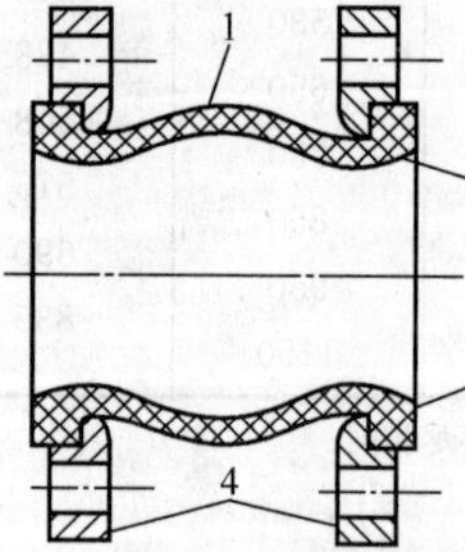

图1－19 单球体橡胶柔性接头

1－主体(极性橡胶)；2－内衬(合成纤维)；3－骨性(钢丝)；4－法兰

表1－17　单球体橡胶柔性接头技术参数

项　目	公称压力 PN （MPa）			
	1.0	1.2	1.6	2.0
工作压力(MPa)	1.0	1.2	1.6	2.0
爆破压力(MPa)	3.0	3.0	3.8	5.2
真空度(kPa)	85	85	85	85
阻尼比	0.15	0.15	0.15	0.15
偏转角度($\alpha_1+\alpha_2$)	20°	20°	20°	20°
适用温度(℃)	－20～115	－20～115	－20～115	－20～115
适用介质	水、热水、盐水、空气、煤气、弱酸碱性介质等			

1.3　塑料(复合)管

1.3.1　建筑常用的五种塑料(复合)管

五种能够用于建筑冷、热水的塑料(复合)管的比较，见表1－18。

表1－18　五种用于建筑冷热水的塑料管比较

项目	交联聚乙烯PEX管	无规共聚聚丙烯PP－R管	铝塑复合管PEX－AL－PEX	聚丁烯PB管	氯化聚氯乙烯CPVC管
长期耐热又耐压70℃,1MPa,50年	可　以	可　以	可　以	可以	可　以
壁厚(达到同要求)	较　薄	较厚	较　薄	较薄	较　薄
卫生性能	优	优	优	优	优
生产工艺和设备	较复杂	较简单	较复杂	较简单	较复杂
回收利用性	不　能	能	不　能	能	能

续表

项目		交联聚乙烯 PEX 管	无规共聚聚丙烯 PP－R 管	铝塑复合管 PEX－AL－PEX	聚丁烯 PB 管	氯化聚氯乙烯 CPVC 管
连接方法	粘　合	不　可	不　可	不　可	不可	可　以
	热 熔 接	不　可	可　以	不　可	可以	不　可
	电热熔接	不　可	可　以	不　可	可以	不　可
	挤压加紧连接	可　以	可　以	可　以	可以	不　可
连接用管件		管　件	PP－R 管件	管　件	PB管件	CPVC 管件
热膨胀系数 [mm/m·℃]		0.15	0.16	0.036	0.13	0.06
阻隔气体渗透		不　能	不　能	能	不能	不　能

1.3.2　塑料及复合材料水管性能

常用的塑料及复合材料水管，包括：聚乙烯(PE)管、涂塑钢管、丙烯腈—丁二烯—苯乙烯(ABS)管、聚丙烯(PP)管、无规共聚丙烯(PP－R)管、硬聚氯乙烯(UPVC)管、聚丁烯(PB)管、高密度聚乙烯(HDPE)管、交联聚乙烯(PE－X)管、交联铝塑复合(XPAP)管、氯化聚氯乙烯(CUPVC)管、塑钢复合管等。

(1) 聚乙烯(PE)管：无毒，可用于输送生活用水。常使用低密度聚乙烯水管(简称塑料自来水管)，这种管材的外径与焊接钢管基本一致。

(2) 涂塑钢管：具有优良的耐腐蚀性能和比较小的摩擦阻力。环氧树脂涂塑钢管适用于给水排水、海水、温水、油、气体等介质的输送，聚氯乙烯(PVC)涂塑钢管适用于排水、海水、温水、油、气体等介质的输送。根据需要可涂敷钢管的内外表面或仅涂敷外表面。涂塑钢管不能采用焊接连接，只能采用螺纹或法兰连接。

(3) 丙烯腈—丁二烯—苯乙烯(ABS)管：耐腐蚀、耐温及耐冲击性能均优于聚氯乙烯管，由热塑性丙烯腈—丁二烯—苯乙烯三元共聚体粘料经注射、挤压成型加工制成，使用温度为−20℃～70℃，压力等级分为B、C、D三级。

(4) 聚丙烯(PP)管：丙烯管材系聚丙烯树脂经挤出成型而得，用于流体输送。按压力分为Ⅰ、Ⅱ、Ⅲ型，其常温下的工作压力：Ⅰ型为0.4MPa、Ⅱ型为0.6MPa、Ⅲ型为0.8MPa。

(5) 无规共聚聚丙烯(PP−R)管：也称三型聚丙烯管，是采用先进的气相法聚合工艺对PP的改性，是PP和PE的共聚物。无毒、卫生、水阻小、导热系数低、70℃以下长期使用。

(6) 硬聚氯乙烯(UPVC)管：用于建筑工程排水，在耐化学性和耐热性能满足工艺要求的条件下，此种管材也可用于工业排水系统。

(7) 各类常用塑料及复合材料管性能参数见表1−19～表1−23。

表1−19(a)　　聚丁烯(PB)管规格数据

规格	型号	材质	外型尺寸	安装尺寸	重量
1.27cm	AZ05/6	PB4137	外径15.80mm	依设计而定	69g/m
(1/2in)	AZ05/100		壁厚1.60mm		
1.9cm	AZ07/6	PB4137	外径22.20mm	依设计而定	125g/m
(3/4in)	AZ07/50		壁厚2.20mm		

续表

规格	型号	材质	外型尺寸	安装尺寸	重量
2.54cm	AZ010/6	PB4137	外径 28.00mm	依设计而定	195g/m
1inch(1in)	AZ010/50		壁厚 2.60mm		

表 1－19(b)　聚丁烯(PB)管物理性能

性能	型号	单位	指标
熔化指数	ASTMD1238	g/10min	0.4
密　度	ASTMD1505	g/cm^3	0.937
抗变强度	ASTMD638	kg/cm^2	170
抗拉强度	ASTMD638	kg/cm^2	340
延伸率	ASTMD638	%	280
弹性率	ASTMD638	kg/cm^2	2700
硬　度	ASTMD2240	DSCALE	D60
熔　点	DTA	℃	124～126
软化点	D1525	℃	113
膨胀系数	D696	$℃^{-1}$	1.3×10^{-4}
热传导率	D177	Kcal;/mbr℃	0.33

表 1－19(c)　聚丁烯(PB)管力学性能

性　能	指　标
拉伸屈服应力	≥15.6MPa 以上
热压实验	在 90±2℃的水温，气压为 1.37MPa 压力保持 1000h 不破裂，不漏水
水压实验	常温向管内施加 2.45MPa 压力，保持 2min 无渗漏

表 1—19(d)　聚丁烯(PB)管卫生性能

性　能	指　标
浊　度	0.5 度以下
色　度	1 度以下
高锰酸钾用量	2mg/L 以下
残余氯气量	常温实验用水 0.7mg/L;90±2℃实验用水 1mg/L
气　味	不得使水产生气味、味道和颜色

表 1—19(e)　聚丁烯(PB)管温度和压力的关系

温度(℃)	20	30	40	50	60	70	80	90
瞬间压力(kg/cm²)	45	40	36	32	28	25	21	14.5
常用压力(kg/cm²)	16.6	15.7	14.6	13.6	12.1	10.7	8.6	5.9

表 1—20(a)　交联聚乙烯(PE—X)管规格数据

型 号	内 径 (mm)	外 径 (mm)	壁 厚 (mm)	爆破压力 (kg/cm²)	支撑距离	
					垂直	水平
1014(3/8″)	10	14	2	70	2m	1m
1216(1/2″)	12	16	2	60	2m	1m
1620(3/4″)	16	20	2	50	2m	1m
2025(1″)	20	25	2.5	40	2m	1m

表 1－20(b)　交联聚乙烯(PE－X)管物理性能

性　能	指　标
密度(g/cm^3)	≥0.94
导热系数(W/m·K)	0.45
热膨胀系数(*K*)	25×10^{-6}
气体渗透性	0
弯曲半径	5×*D*(*D* 为管子直径)
抗化学性	极好
导电度	抗静电,耐电压贯穿强度 10kV

表 1－20(c)　交联聚乙烯(PE－X)管温度和压力的关系

管 材	对应温度下的耐压力值 PSI(kg/cm^2)				长期适用温度(℃)	短期耐用温度(℃)
	23℃	60℃	82℃	99℃		
PEX	200(14)	150(10)	125(9)	115(8)	95	100

表 1－21(a)　无规共聚聚丙烯(PP－R)管规格数据

公称外径 D_e (mm)	壁厚(mm)									
	公称压力 *PN*(MPa)									
	*PN*1.0		*PN*1.25		*PN*1.6		*PN*2.5		*PN*2.0	
	基本尺寸	允许偏差	基本尺寸	允许偏差	基本尺寸	允许偏差	基本尺寸	允许偏差	基本尺寸	允许偏差
20			2.0	+0.4 0	2.3	+0.5 0	2.8	+0.5 0	3.4	+0.6 0
25			2.3	+0.5 0	2.8	+0.5 0	3.5	+0.6 0	4.2	+0.7 0
32	2.4	+0.5 0	3.0	+0.5 0	3.6	+0.6 0	4.4	+0.7 0	5.4	+0.8 0
40	3.0	+0.5 0	3.7	+0.6 0	4.5	+0.7 0	5.5	+0.8 0	6.7	+0.9 0

续表

公称外径 D_e(mm)	壁厚(mm)									
	公称压力 PN(MPa)									
	PN1.0		PN1.25		PN1.6		PN2.5		PN2.0	
	基本尺寸	允许偏差	基本尺寸	允许偏差	基本尺寸	允许偏差	基本尺寸	允许偏差	基本尺寸	允许偏差
50	3.7	+0.5 0	4.6	+0.7 0	5.6	+0.8 0	6.9	+0.9 0	8.4	+1.1 0
63	4.7	+0.5 0	5.8	+0.8 0	7.1	+1.0 0	8.7	+1.1 0	10.5	+1.3 0
75	5.6	+0.5 0	6.9	+0.9 0	8.4	+1.1 0	10.3	+1.3 0	12.5	+1.5 0
90	6.7	+0.5 0	8.2	+1.1 0	10.1	+1.3 0	12.3	+1.5 0	15.0	+1.7 0
110	8.1	+0.5 0	10.0	+1.2 0	12.3	+1.5 0	15.1	+1.8 0	18.3	+2.1 0

表 1—21(b)　无规共聚聚丙烯(PP—R)管物理性能

性　能		指　标
密度(g/cm³)		0.9
弹性模量(20℃)(MPa)		800
热膨胀系数(mm/m·℃)		0.15
导热系数(W/m·℃)		0.24
熔点(℃)		~140
比热(kJ/kg℃)		2
纵向回缩率(%)		≤2
冲击实验(%)		破损率≤10
液压试验	短期:20℃,1h,环应力 16MPa	无渗漏
	长期:95℃,1000h,环应力 3.5MPa	无渗漏

表 1—22(a)　　聚乙烯(PE—RT)管规格数据

公称外径 D_e(mm)	允许偏差 (mm)	管系列					
		S5		S4		S3.2	
		公称壁厚(mm)					
		基本尺寸	允许偏差	基本尺寸	允许偏差	基本尺寸	允许偏差
12	+0.3	1.3	+0.4	1.4	+0.4	1.8	+0.4
16	+0.3	1.5	+0.4	1.8	+0.4	2.2	+0.5
20	+0.3	1.9	+0.4	2.3	+0.5	2.8	+0.5
25	+0.3	2.3	+0.5	2.8	+0.5	3.5	+0.6
32	+0.3	2.9	+0.5	3.6	+0.6	4.4	+0.7

表 1—22(b)　　聚乙烯(PE—RT)管物理化学性能

项目	测试参数			指标
	实验温度(℃)	实验时间(h)	静液压应力(MPa)	
纵向回缩率	110	$e_n \leqslant 8mm$　1 $8mm < e_n \leqslant 16mm$　2 $e_n > 16mm$　3	—	<3%
静液压实验	20	1	10.00	无破损无渗漏
	95	165	3.65	
	95	1000	3.5.0	

续表

项目	测试参数			指标
	实验温度（℃）	实验时间（h）	静液压应力（MPa）	
静液压状态下热稳定性实验	110	8760	10	无破损无渗漏
熔体质量流动速率，MFR（190℃，2.16kg）g/10min				变化率≤原料的30%

表1—23(a)　交联铝塑复合(XPAP)管规格数据(mm)

公称外径 D_e(mm)	外径		壁厚		内层聚乙烯最小厚度	外层聚乙烯最小厚度	铝层最小厚度
	最小值	偏差	最小值	偏差			
12	12	+0.30	1.60	+0.40	0.70	0.40	0.18
14	14	+0.30	1.60	+0.40	0.80	0.40	0.18
16	16	+0.30	1.65	+0.40	0.90	0.40	0.18
20	20	+0.30	1.90	+0.40	1.00	0.40	0.23
25	25	+0.30	2.25	+0.50	1.10	0.40	0.23
32	32	+0.30	3.00	+0.50	1.40	0.60	0.60
40	40	+0.40	3.50	+0.50	1.65	0.70	0.75
50	50	+0.50	4.00	+0.60	1.80	0.80	1.00
63	63	+0.60	5.00	+0.60	2.20	1.00	1.20
75	75	+0.70	7.50	+1.00	3.00	1.20	1.65

表 1－23(b)　交联铝塑复合(XPAP)管静液压强度检验

管材用途	试验温度(℃)	静液压强度(MPa)	持压时间(h)	合格指标
热水	82±2	2.72±0.07	10	管壁无膨胀、破裂、泄漏

表 1－23(c)　交联铝塑复合(XPAP)管管环径向拉伸力和爆破强度检验

公称外径(mm)	管环径向拉伸力(N)		爆破强度(MPa)
	中密度聚乙烯复合管	高密度聚乙烯复合管	
12	200	2100	7.0
14	2100	2300	7.0
16	2100	2300	6.0
20	2400	2500	5.0
25	2400	2500	4.0
32	2600	2700	4.0
40	3300	3500	4.0
50	4200	4400	4.0
63	5100	5300	3.5
75	6000	6300	3.5

第 2 章　管道的连接与敷设

2.1　管道的连接

2.1.1　管道螺纹连接

1. 螺纹连接的适用范围

管道螺纹连接主要用于以下几种情况：

(1) 镀锌焊接钢管的连接；

(2) 设计文件或施工验收规范允许的非镀锌焊接钢管的连接，如给排水、采暖、燃气、压缩空气支管等；

(3) 管道与螺纹阀件、仪表附件以及带管螺纹的机械管口的连接。

2. 管螺纹的类型

焊接钢管采用螺纹连接时，使用的是牙型角为 55°的英制管螺纹。管螺纹有圆锥形和圆柱形两种。圆锥形管螺纹如图 2－1 所示，图中 $L1$ 为螺纹的工作长度，$L2$ 为管端到基面的长度，$L3$ 为螺纹尾长度。基面是一个指定的截面，在该截面中，圆锥形管螺纹的直径(外径、中径、内径)与同规格圆柱形管螺纹的直径相等。

圆锥形管螺纹的倾斜角 $\varphi=1°47'24''$，圆锥度为 1∶16，圆锥形管螺纹的尺寸见表 2－1。

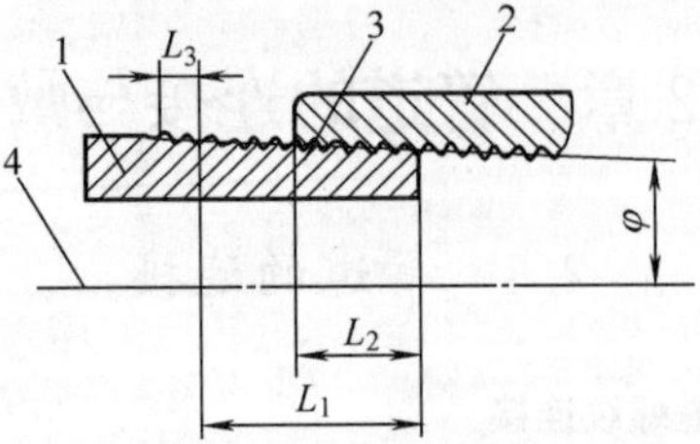

图 2－1　圆锥形管螺纹

1－管子；2－管接头；3－基面；4－管子中心线

表 2－1　　圆锥形管螺纹尺寸

管子公称直径 DN	螺距(mm)	每25.4mm扣数	基面直径(mm)			螺纹工作长度(mm)	由管端到基面长度(mm)	螺纹工作高度(mm)
			平均直径	外径	内径			
15	1.814	14	19.794	20.956	18.632	15	7.5	1.162
20	1.814	14	25.281	26.442	24.119	17	9.5	1.162
25	2.309	11	31.771	33.250	30.293	19	11	1.479
32	2.309	11	40.433	41.912	38.954	22	13	1.479
40	2.309	11	46.326	47.805	44.847	23	14	1.479
50	2.309	11	58.137	59.616	56.659	26	16	1.479
65	2.309	11	73.708	75.187	72.230	30	18.5	1.479
80	2.309	11	86.409	87.887	84.930	32	20.5	1.479
100	2.309	11	111.556	113.034	110.077	38	25.5	1.479

圆柱形管螺纹的螺距、每英寸长螺纹扣数、牙型角、螺纹工作长度和工作高度，都与圆锥形管螺纹相等，直径与圆锥形管螺纹基面直径相等。

3. 管螺纹的加工和连接

加工管螺纹俗称套丝，有手工和机械两种方法。手工套丝是用管子铰板在管子上铰出螺纹。在套丝过程中，应向丝扣上加机油，使丝扣和板牙得到润滑和冷却，每个丝头应分2～3次套成。机械套丝通常用电动套丝机进行，有时也在车床上加工。电动套丝机有多种型号，以加工*DN*15～*DN*100的机型最为常用。

管子上加工出来的是圆锥形螺纹，管螺纹要完整、光滑，不得有毛刺和乱丝，断丝和缺丝的总长度不得超过螺纹全扣数的10％。

螺纹连接有圆柱形内螺纹套入圆柱形外螺纹、圆柱形内螺纹套入圆锥形外螺纹和圆锥形内螺纹套入圆锥形外螺纹三种方式。其中后两种方式更为紧密，是常用的连接方式。

管螺纹连接时，要在外螺纹与内螺纹之间加密封填料，对于水、煤气、压缩空气等温度在120℃以下的无腐蚀性介质，可使用白铅油和麻丝。聚四氟乙烯生料带的化学稳定性好，可用于氧气、乙炔、各种燃气及其他具有一定腐蚀性、温度在200℃以内的介质。当工作温度超过200℃或输送的介质有特殊要求时，应按设计要求使用密封材料。拧紧管螺纹时，不得将填料挤入管内。拧紧后的螺纹，以其尾部露出1～2扣为宜，同时应将挤出的密封填料清除干净。

2.1.2 法兰连接

1. 常用法兰类型

按法兰和管道的连接形式划分，法兰类型有平焊法兰、对焊法兰和高压管螺纹法兰（中低压管道使用螺纹法兰的情况已极少了）。

从法兰的密封面型式划分，平焊法兰中有光滑面法兰、凹凸面法兰。常用对焊法兰中有光滑面法兰、凹凸面法兰和榫槽面法兰。

2. 法兰紧固件

法兰紧固件是指连接法兰所用的螺栓、螺母和垫圈。低压管道通常使用单头螺栓（即普通六角螺栓），对于中高压管道则应使用双头螺栓（螺柱）。与螺栓配套的螺母分为A型和B型，A型螺母在一面的六角上倒圆角，另一面是平面，而B型螺母的两面都要倒圆角。螺栓、螺母和垫圈的材质选用见表2－2。

螺母的硬度应小于螺栓和螺柱的硬度，以便减轻日久后的粘结牢度，便于拆卸。螺栓或螺柱的长度，应在法兰加垫紧固后露出螺母5mm以内，并不大于2倍螺距为宜。法兰上螺栓孔的数量、直径及连接螺栓的规格，在有关法兰标准中都有具体规定，法兰螺栓孔一般比螺栓或螺柱直径大 2～3mm。

表 2－2　　　　　紧固件材质的选用

名称	公称压力 *PN* (MPa)	介质在下列温度(℃)时所用钢号			
		<300	<350	<400	<425
螺栓及双头螺栓	0.25,0.6,1.0,1.6,2.5	Q255A		25,35	
	4,6.4.10	35,40			
	16,20	30CrMoA,35Cr		30CrMoA,35CrMoA	
螺母	0.25,0.6,1.0,1.6,2.5	Q235A		20,30	
	4,6.4.10	25,35			
	16,20	35,45			
垫圈	4,6.4,10,16,20	25,35			

3. 法兰的装配与连接

(1) 装配法兰前，必须把法兰表面尤其是密封面清理干净。

(2) 装配平焊法兰时，管端应插入法兰内径厚度的

2/3，法兰的内外面都必须与管子焊接。

（3）法兰连接时应保持平行，其偏差不大于法兰外径的1.5‰，且不大于2mm。

（4）法兰连接应保持同一轴线，其螺栓孔中心偏差一般不超过孔径的5%，并应保证螺栓自由穿入。法兰的连接螺栓应为同一规格，安装方向要一致，拧紧螺栓时应对称均匀地进行。

（5）不得使用厚度不等的斜垫圈来弥补法兰的不平行度，不得使用双层垫圈。当大口径垫圈需要拼接时，不得用平口对接，应采用斜口搭接或迷宫形式。

（6）根据需要，安装垫片时可分别涂以石墨粉、石墨机油调和物或二硫化钼。

（7）如遇下列情况，螺栓、螺母应涂以二硫化钼、石墨机油或石墨粉：

1）不锈钢、合金钢螺栓和螺母；

2）管道设计温度高于100℃或低于0℃；

3）露天装置；

4）有大气腐蚀或腐蚀性介质。

（8）使用铜、铝、软钢等金属垫片，安装前应进行退火处理。

（9）高温或低温管道的法兰连接螺栓，在试运行时一般应按下列规定进行热紧或冷紧：

1）管道法兰热紧及冷紧温度见表2－3；

表 2—3　　管道法兰热、冷紧温度

管道工作温度(℃)	一次热、冷紧温度(℃)	二次热、冷紧温度(℃)
250～350	工作温度	—
>350	350	工作温度
−20～−70	工作温度	—
<−70	−70	工作温度

2）热紧或冷紧，应在保持工作温度 24h 后进行；

3）紧固管道螺栓时，管道最大内压力应根据设计压力确定：

当设计压力小于 6MPa 时，热紧最大内压力为 0.3MPa；当设计压力大于 6MPa 时，热紧最大内压力为 0.5MPa；冷紧一般应卸压进行，热、冷紧的紧固要适度，要有安全措施。

(10) 法兰连接不允许直接埋地。埋地管道的法兰连接处要有检查井，如必须埋设，要采取防腐蚀措施。

(11) 压力管道的承插连接是在承口与插口之间的间隙内加入填料，使之密实，并达到一定的强度，以达到密封压力介质的目的。承插连接的工序一般分为：管材检查和接口前准备、打麻丝(或橡胶圈)、打接口材料和养护四个阶段。

2.1.3 焊接连接

焊接连接是管道安装工程中应用最广、最重要的连接方式，其技术含量最高。金属管道的焊接由电焊工和气焊工来完成，管道工的主要任务是为焊接施工创造条件，完成焊接前的准备工作。管道焊接连接常用的焊接方法有手工电弧焊、气焊、氩弧焊，大面积的焊接应尽可能采用 CO_2 气体保护焊。一般情况下，应优先采用电焊，当管径在 50mm 以下、壁厚在 3mm 以下，可采用气焊。

1. 坡口加工

管口在加工坡口前应检查端面是否与管子轴线垂直，即是否存在“马蹄”缺陷，管口圆度是否符合要求，只有在符合要求的前提下，才能进行坡口加工。管子的坡口有 I 形、V 形、双 V 形、U 形、X 形等多种形式，见表 2－4。I 形就是壁厚较薄，可以在焊接时不开坡口；V 形坡口是最常用的坡口形式；U 形坡口适用于管壁较厚，对焊接要求严格的管道，是用专门的机械加工出来的；X 形坡口适用于大口径，并能从管道内、外都能焊接的厚壁管道，采用这种坡口形式不但能保证焊接质量，还可以节约焊接材料。

2. 焊口组对

组对焊口前，应对坡口及其 20～40mm 范围的内外表面的油漆、油脂、铁锈进行清理。坡口清理的要求见表 2－5，清理合格后应及时焊接。

表 2—4　　钢制管道焊接坡口形式和尺寸

项次	厚度 T (mm)	坡口名称	坡口形式	坡口尺寸 间隙 c (mm)	钝边 p (mm)	坡口角度 $\alpha(\beta)$ (°)	备注
1	1～3	I形坡口	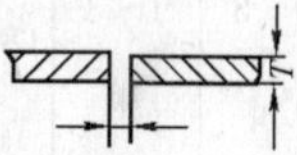	0～1.5	—	—	单面焊
	3～6			0～2.5			双面焊
2	3～9	V形坡口	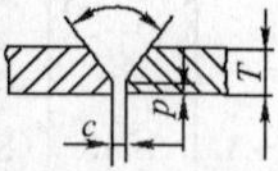	0～2	0～2	65～75	
	9～26			0～3	0～3	55～65	
3	6～9	带垫板V型坡口	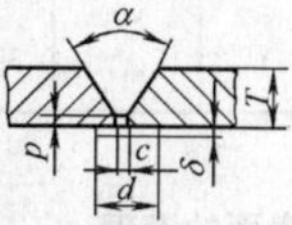 δ=4～6 d=20～40	3～5	4～6	45～55	
	9～26			0～2	0～2		
4	12～60	X形坡口	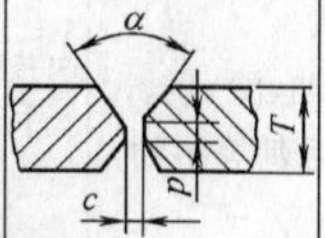	0～3	0～3	55～65	

项次	厚度 T (mm)	坡口名称	坡口形式	坡口尺寸			备注
				间隙 c (mm)	钝边 p (mm)	坡口角度 $\alpha(\beta)$ (°)	
5	20～60	双V形坡口	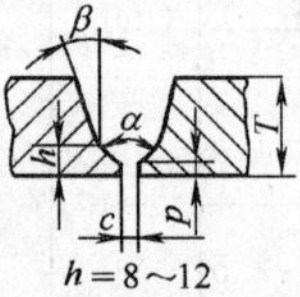	0～3	1～3	65～75 (8～12)	
6	20～60	U形坡口	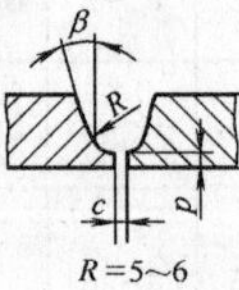	0～3	1～3	(8～12)	

表 2—5　坡口及其内外表面的清理

管道材质	清理范围(mm)	清理物	清理方法
碳素钢 不锈钢 合金钢	≥10	油、漆、锈、毛刺等污物	手工或机械等

续表

管道材质	清理范围(mm)	清理物	清理方法
铝及铝合金	≥50	油污、氧化膜等	有机溶液除去油污,化学或机械法除净氧化膜
铜及铜合金	≥20		
钛	≥50		

管子对口时应在距接口 200mm 处测量平直度(见图 2—2),当管径小于 100mm 时,允许偏差(a 值)为 1mm;当管径等于或大于 100mm 时,允许偏差(a 值)为 2mm。但全长允许偏差均为 10mm。

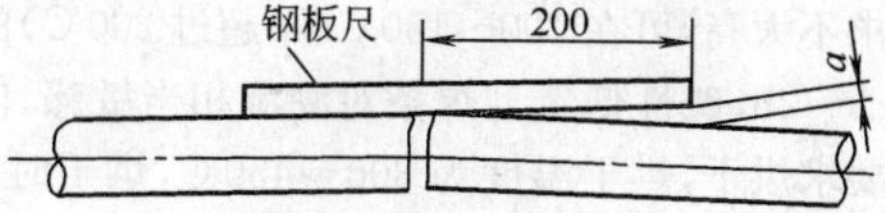

图 2—2 管道对口平直度

3. 点焊和焊接注意事项

管道对口完成后要用点焊固定,每个口至少点焊 3~5 处,每处点固焊的长度一般为 10~15mm,高度为 2~4mm,且不超过管壁厚度的 2/3。点固焊的焊肉如发现裂纹、气孔等缺陷,应及时处理。管道的对口和点焊使用接口器或卡具进行,不得使用撬杠强力进行对口点焊和焊接。

管道焊接尽可能采用转动管子的方法进行，也就是多设活动焊口，少设固定焊口，因为活动焊口基本上采用平焊，易于操作，有利于保证焊接质量，而固定焊口操作难度大，不利于保证焊接质量。

4. 焊接方式

(1) 手工电弧焊。手工电弧焊是应用最为广泛的焊接方法，适用于各种钢材和部分有色金属及其合金的焊接。对于普通钢管来说，当直径等于或大于 50mm 时，应采用电弧焊。焊条通常采用 E4303 或 E4301，若管道的工作温度在 300℃以上，可采用 E4316 或 E4315。

电焊条在使用前应先烘干。一般来说，酸性焊条对烘干的要求不太高，可在 100～150℃(不超过 200℃)的温度下烘干 1～2h，碱性低氢型焊条对潮湿相当敏感，使用前必须按要求烘干，烘干温度为 300～450℃，烘干时间为 1～2h，烘干后应保存在 150℃的烘箱内，随用随取。

(2) 气焊与气割。气焊是利用可燃气体与助燃气体混合燃烧并从一定的设备(如焊炬)中集中喷射出火焰，对金属进行加热和熔化的一种焊接方法；气割则是利用上述火焰的热能，将钢件切割处预热到一定温度，然后通以高速切割氧流，使铁燃烧(剧烈氧化)，以实现切割的一种方法。

焊接操作的一般知识：

点燃焊接火焰时，应先打开焊炬或割炬的氧气阀，放出少量的氧气，再打开乙炔阀，放出少量乙炔，两种气体混合喷出后，再用火源将其点燃，点火工具最好使用点火枪。刚点燃的火焰一般为碳化焰，可以调节氧气和乙炔的供给量，得到中性焰或氧化焰，同时还要注意对火焰能率的调节，以达到焊接或切割的需要。结束工作时，应先关闭乙炔阀，后关闭氧气阀。

减压阀是气焊及气割作业的重要器材，在氧气瓶和乙炔瓶上，都要安上减压阀，以便瓶中的高压气体降压为需要的低压气体，并保证输出的气体压力稳定。氧气减压阀的外表涂为天蓝色，乙炔减压阀的外表涂为白色。

氧气减压阀和乙炔减压阀不得调换使用，在使用减压阀时要注意以下几点：

1）在安装减压阀之前，略开气瓶阀，用高压气体吹去瓶口污物和水分，以免带入减压阀内，操作时瓶口不能朝向人体；

2）检验各接头是否拧紧，调节螺丝应处于松开位置；

3）装好减压阀，才能开启气瓶阀，要缓慢进行，观察压力表工作是否正常，各部位有无漏气现象，待正常后，再接输气胶管。氧气胶管为红色，内径 8mm，允许工作压力为 1.0MPa；乙炔胶管为黑色，内径 10mm，允许工作压力为0.5～1.0MPa。每种胶管只能用于一种气体，不能相互代用；

4）结束工作时，先松开减压阀的调节螺丝，再关闭气瓶阀。

焊丝是气焊和气体保护焊的焊接材料。常用焊丝一般分为碳素钢焊丝、低合金耐热钢焊丝、铬镍不锈钢焊丝、铜及铜合金焊丝和铝及铝合金焊丝。焊接钢管和一般无缝钢管的气焊可选用一般焊丝，如 H08，如果工作压力和工作温度较高，可选用 H08MnA 焊丝。焊丝直径与焊件厚度的关系见表 2－6。

表 2－6　**焊丝直径与焊件厚度的关系**

焊件厚度(mm)	0.5～2	2～3	3～5	5～6
焊丝直径(mm)	不用或≤2	2～2.5	2.5～3.2	3.2～4

气焊熔剂是焊接有色金属、不锈钢时必须使用的焊接材料，主要用于改善焊缝质量，防止金属的氧化及消除已经形成的氧化物。常用的气焊熔剂见表 2－7。

表 2－7　**常用的气焊熔剂**

牌号	名　称	应用范围	备　注
CJ301(气剂 301)	铜气焊熔剂	铜及铜合金	熔点约为 650℃
CJ401(气剂 401)	铝气焊熔剂	铝及铝合金	熔点约为 560℃，焊后必须清除干净
CJ101(气剂 101)	不锈钢及耐热钢气焊熔剂	不锈钢及耐热钢	熔点约为 900℃
CJ201(气剂 201)	铸铁气焊熔剂	铸　铁	熔点约为 650℃

手工气割时，使用的割嘴号数和氧气压力应根据工件厚度确定。当切割厚度小于 4mm 的钢件时，一般选用 1～2号割嘴，氧气压力采用 0.3～0.4MPa；当切割厚度为 4～10mm 的钢件时，一般选用 2～3 号割嘴，氧气压力采用 0.4～0.5MPa。

2.2 管道的敷设

无论是地上管道还是地下管道，施工敷设的首要问题是坐标、标高要准确。因而，在测量标高时要将原始基准点查清，并对已有的建筑物进行校核。

2.2.1 埋地敷设

埋地敷设不占用有效空间，不需要设管道支架、建造成本低、施工简单。

(1) 埋地管道主要适用于室外给排水、输油、煤气等管道。室外管道的埋设深度由土壤的冰冻深度及地面荷载情况而定。通常以管顶在冰冻线以下 20～30cm 为宜。覆土不小于 0.7～1.0m 的厚度。如局部管道必须埋设在冰冻线以上时，要采取保温措施。

(2) 埋地管道应按设计要求做好防腐处理，在运输、下管时应采取相应的措施保护防腐层。

(3) 埋地管道互相交叉或管道与电缆交叉时，应有 25cm 以上的垂直距离。在平行敷设时，不允许上下重叠排列。

(4) 易燃、易爆和剧毒管道穿过地下构筑物时，应设置套管，同时套管两端要伸到地下构筑物以外。

2.2.2 地沟敷设

当管道不适于埋地敷设或根数较多时，可采取地沟敷设，如热力管道。管沟的形式一般有以下三种：

1. 通行地沟

一般来说管道在六根以上(即管道直径总和在 1m 以上)应采用通行地沟。通行地沟的过人通道一般高为 1.8m。即人可站在沟中进行安装、检修。为使维修人员进出方便，在装有套管伸缩器及其他需要维修的管道配件处应设置人孔。人孔间距在有蒸汽管时不超过 10m，无蒸汽管时不超过 200m。

通行地沟内应设置不超过 36V 的照明装置，并应有可靠的排水设施(见图 2—3)。

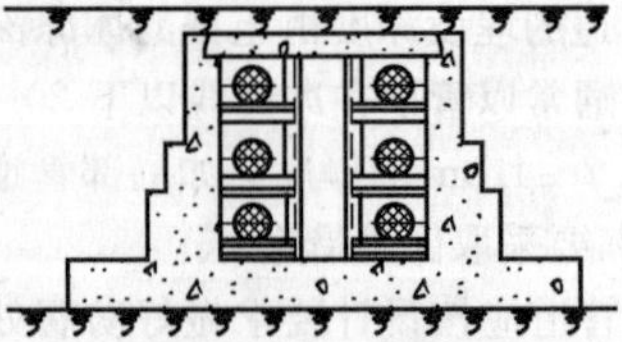

图 2—3 通行地沟

2. 半通行地沟

管道数量不多、维修量小的情况下可采用半通行地沟。半通行地沟内的管道可沿地沟一侧或两侧敷设，其通道的宽度不应小于 0.6m 左右。如果管道较长应在其中间设置人孔或小室以便维修人员出入。

3. 不通行地沟

这种方式耗资少，配件少、维修量小的管道采用这种形式较为经济、合理。

不通行地沟的管道宜采用水平单层排列，以便于安装和维修(见图 2—4)。

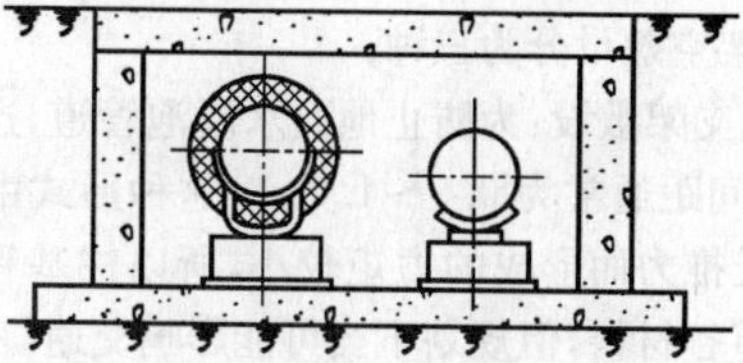

图 2—4　不通行地沟

地沟中的管道在交叉换位、标高相同而相交时，应遵循液体介质管道应从下面绕行，气体介质管道应从上绕行的原则，以免影响管道的正常运行。

2.2.3 架空敷设

1. 室外架空敷设

架空敷设是将管道敷设于地面上的独立支架或带横梁桁的架上，也可以敷设于栽入墙体的支架上。架空敷设支架可采用砖砌、钢筋混凝土预制或现浇以及钢制。厂区的管架敷设应尽量利用建筑物外墙和其他永久性建筑物。沿墙敷设是最简单的一种方法，但当管径推力较大时不宜采用此种方法。目前我国广泛采用混凝土支架，不仅坚固耐用、能承受较大的纵向推力，且与钢支架比较还可以节约大量钢材。

(1) 架空敷设分为三种：

1) 低支架敷设：为防止地面水浸泡管道，这种支架底部与地面间距通常为 0.5～1.0m。这种形式由于管道高度较低，受推力而形成的力矩较小，所以柱基和柱断面比较小，可节省材料，但规划不当可能影响交通。

2) 中支架敷设：在行人频繁、有大车通行处可采用中支架方式，其净高在 2.5～4m。

3) 高支架敷设：用于通行汽车或火车净空高度一般为 4～6m。

(2) 管道架空敷设适用情况：

1) 地形复杂、地下构筑物多或因交通等方面的原因。

2) 有可利用的建筑物做支架。

3）建筑物间距不大，且室内为架空敷设。架空管道的保温层必须有防水隔潮层，以免被雨露浸湿、降低隔热效果。

2. 室内架空敷设

室内架空敷设应尽量沿设备、墙、柱、梁及其构筑物敷设。

（1）沿墙敷设：一般立管均贴墙壁敷设，干管应让过立管后沿墙敷设。其优点是安装方便，占空间少，管架材料省。但沿墙敷设的管道不宜太多，管道推力不可过大。

（2）楼板下敷设：管道可吊在楼板上，但每个吊架的负荷不得超过100kg。楼板下敷设可以使管道少走弯路，可在现制混凝土结构施工中预埋铁件。

（3）靠柱敷设：此方式敷设对管道是适宜的，柱子承受荷载较大，能承受管道的水平推力便于安装固定支架。但柱子的间距过大，敷设小管径管道在二柱之间还需要设置吊架。

（4）沿地面敷设：沿地面敷设应安装在较隐蔽的地方，以免挡路、妨碍使用功能。管底标高一般比地面高10～15cm。若局部管道必须通过通道时，则在通道处应设保护措施。

（5）架空管道具有下述优点：

1）便于安装和检修；

2）适用于输送任何介质的管道；

3）可避免任何死角，便于最低点加泄水和最高点加放风装置；

4）可根据管壁外的涂色来识别管道输送的介质。

第3章 管道的安装

3.1 管道支(吊)架安装

3.1.1 管道支架的选择

管道工程中，以热力管道支架的受力情况最为复杂，因为热力管道的运行温度和安装温度的温差很大，所以设计和施工的任务之一就是对支架的选择，以保证管道的安全运行。

选择管道支架时应注意下列原则：

(1) 当管道不允许有任何位移时，应首先选择管道的固定点，以设置固定支架。固定支架处的管道不允许有任何水平或垂直方向的位移。在固定点之间，管道的热膨胀应通过管道本身的自然补偿或专设的补偿器来进行补偿。固定支架应安装在牢固的构筑物或专设的结构上。

(2)由于管道水平安装没有垂直位移或垂直位移甚微，对管道的轴向摩擦作用力无严格的限制，可采用滑动支架。当管道温度较高、管径较大而要求最大限度地减少管道的轴向摩擦阻力时，可采用滚动支架。对架空敷设的管道可设置吊架。

(3) 当管道存在垂直位移时，可采用弹簧支架，但必须经过计算，根据弹簧支架所负担的荷载和垂直位移来选用弹簧支架。

(4) 水平管道穿墙壁应加套管。套管可以作为支撑管道重量的滑动支架使用。垂直管道穿过楼板所加的套管不得限制管道的垂直位移。

(5) 各型补偿器和铸铁阀件的两侧应设置导向活动支架，以便限制管道只能纵向位移，从而使补偿器和铸铁阀件处于良好而稳定的受力状态。

3.1.2 管道支架间距的确定

管道支架的间距一般情况设计已确定，应按照图纸要求进行安装。如设计无规定时，一般的蒸汽、压缩空气、热水及冷凝水管道的支架间距可按表 3—1 确定。

表 3—1　　常用管道支架间距

公称直径(mm)	管子壁厚(mm)	管子外径(mm)	支架间距(m)	
			不保温	保温
15	18	3	2.5	1.5
20	25	3	3	2
25	32	3.5	3.5	2
32	38	3.5	4	2.5
40	45	3.5	4.5	3
50	57	3.5	5	3
65	73	4	6	4

续表

公称直径 (mm)	管子壁厚 (mm)	管子外径 (mm)	支架间距(m)	
			不保温	保温
80	89	4	6	4
100	108	4	6.5	4.5
125	13	4	7	5
150	159	4.5	8	6
200	219	6	9.5	7
250	273	8	11	8
300	325	8	12	8.5
350	377	9	11.5	10
100	426	9	12	10.5

当管道外径或壁厚发生变化时，表 3－1 所列间距应作相应的调整。在某些情况下，需要加大管道支架间距时可用钢板将管道沿纵向加强，以提高抗弯系数（见图 3－1）。加强管道支架的最大间距见表 3－2。

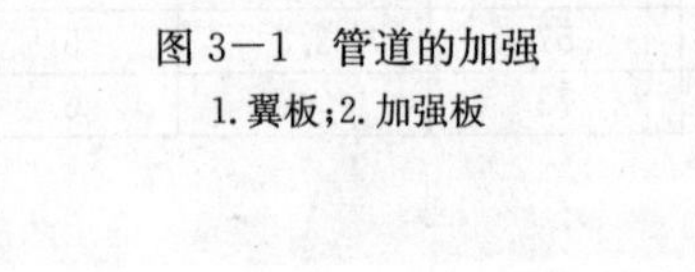

图 3－1 管道的加强

1. 翼板；2. 加强板

表 3－2　　　　**加强管道支吊架的最大间距**

管径 (DN)	外径×壁厚 (mm)	翼板间距 L (mm)	加强板尺寸 H×S(mm)	最大间距(m)	
				绝热管	非绝热管
25	32×3	1000	50×5	3.0	5.5
32	38×3	1000	50×5	3.0	5.5
40	45×3	1000	50×5	3.0	6.0
50	57×3.5	1000	50×5	3.0	6.5
70	76×3.5	1000	100×8	4.5	9.1
80	89×3.5	1000	100×8	4.5	9.7
100	108×4	1000	100×8	5.0	10.4
125	133×4	1500	150×10	6.4	12.7
150	159×4.5	1500	150×10	6.8	13.5
200	219×6	1500	200×20	9.4	16.5
250	273×7	1500	200×30	10.4	17.0

3.1.3　支架的种类及构造

支架对管道起承托、导向和固定作用，是管道安装工程中重要的构件之一。

管道支架按材料分，可分为钢支架和混凝土支架等；按支架的力学特点，可分为刚性支架和柔性支架；按形状分可分为悬臂支架、三角支架、门型支架、弹簧支架、吊架、独柱支架等，见图 3－2；按用途分，可分为活动支架和固定支架，活动支架主要承担管道及其附件的重量，固定支架除上述作用外，主要是承担管道的水平推力。

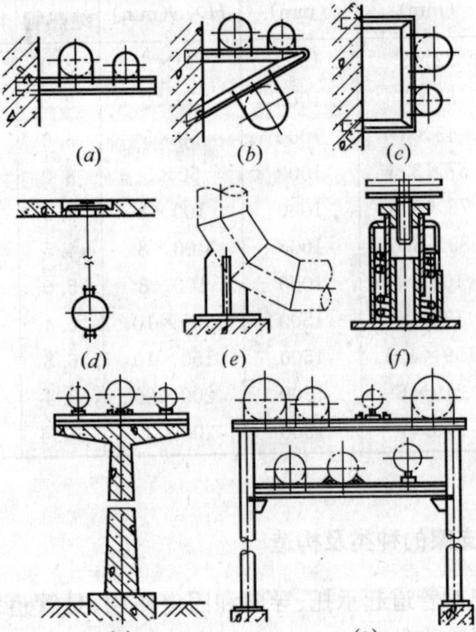

图 3—2　不同外形的管道支架

(a)悬臂支架；(b)三角支架；(c)门形支架；(d)吊架；
(e)弯管支架；(f)弹簧支架；(g)独柱支架；(h)龙门支架

1. 活动支架

活动支架包括滑动支架、滚动支架吊架、导向支架等。

(1) 滑动支架:即管道与支承构件能自行滑动,尽管摩擦力较大,但结构简单,多用于不保温、热膨胀较小的管道。对于热膨胀较大的管道,为避免直接和管壁发生摩擦使管壁减薄,可采用管底与支架之间加弧形板的方法。对于有保温层的管道,宜采用高滑动支架即管底加托座并与管道焊牢,其高度视保温层厚度而定,一般采用100~150mm。运行时,管托在支架上自行滑动(见图3—3),滚动支架见图3—4。

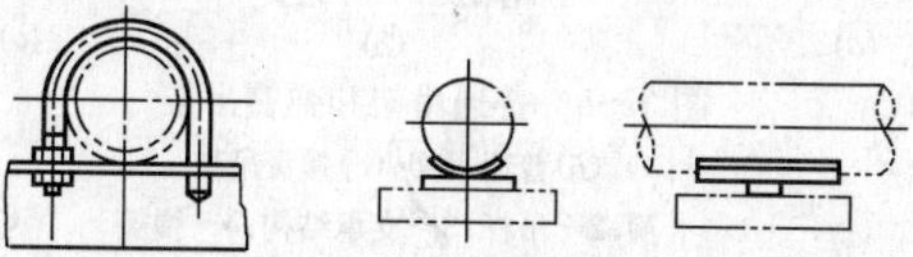

图3—3

(*a*)U形螺栓固定的低滑动支架;(*b*)弧形板低滑动支架

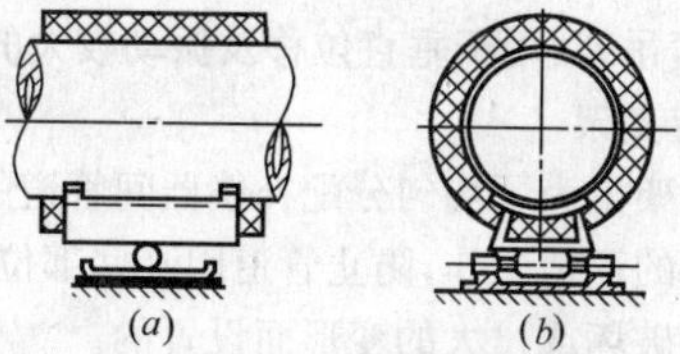

图3—4　滚动支架

(*a*)滚珠式;(*b*)滚柱式

(2) 导向支架：为了使管道在支架上滑动而不致轴向偏移，一般做法是在支架滑托二侧各焊一段角钢或扁钢。

(3) 吊架：分普通吊架和弹簧吊架两种（见图 3—5）。

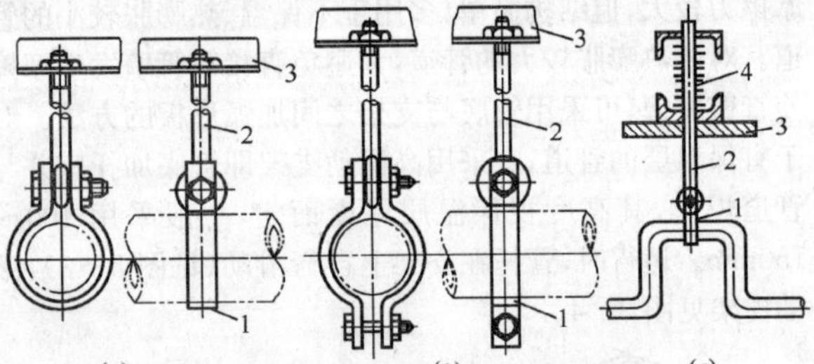

图 3—5　普通吊架和弹簧吊架

(a)、(b)普通吊架；(c)弹簧吊架

1—卡箍；2—吊杆；3—支承结构；4—弹簧

1) 普通吊架：用于管径较小、无伸缩性或伸缩性较小的管道。

2) 弹簧吊架：用于垂直位移及振动较大的管道。

2. 固定支架

固定支架是为了均匀分配补偿器间管道的热膨胀量，保证补偿器的正常工作，防止管道因某些部位受过大的热应力而引起破坏或过大的变形而设置的。

一般不保温的管道采用 U 形螺栓和弧形板组成的固定支架。

室外管道一般采用单面挡板或双面挡板的固定支架（见图 3—6）。

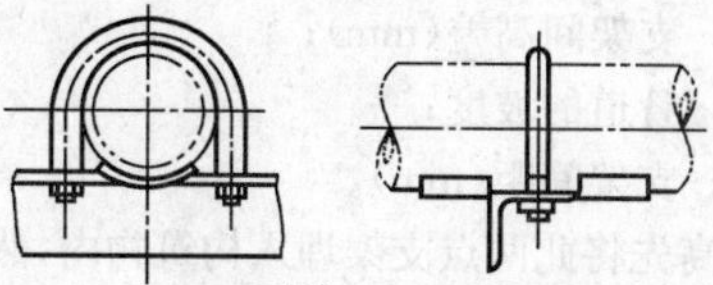
(a)

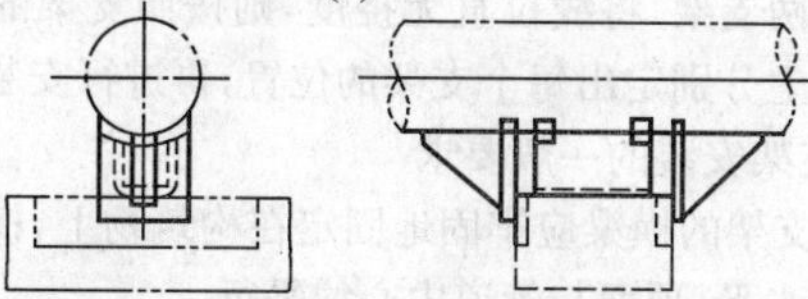
(b)

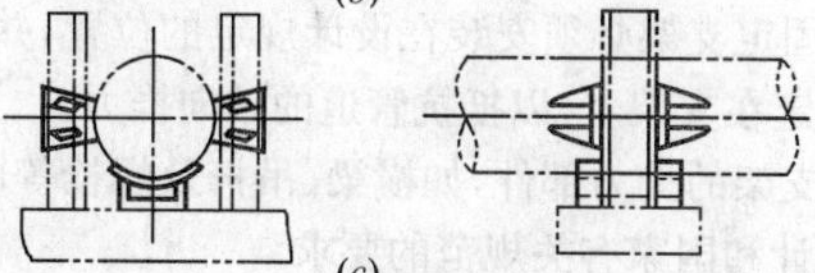
(c)

图 3—6　固定支架

(a)U 形螺栓式固定支架；(b)单面挡板固定支架；(c)双面挡板固定

3.1.4　支架安装

1. 支架定位方法

首先应根据设计要求定出各种不同支架的轴线位置，再按管道的标高把同一水平直管两端的支架位置标注好。要求有坡度的管道，应根据支架间距和坡度的大小计算出两点间的高度差，其公式为：

$$H=i\times L \tag{3-1}$$

式中 H——支架间高差(mm)；

i——管道的坡度；

L——支架间距(mm)。

根据标高先将此两点支架埋入构筑物内，然后用一根直线连接两支架，将线拉直无挠度，则按照支架的间距在墙上或柱上分别定出每个支架的位置，再进行安装。

2. 支架安装的一般要求

(1) 支架的横梁应牢固地固定在构筑物上，横梁的长度方向应水平，顶面与管道中心线平行。

(2) 固定支架必须安装在设计规定的位置，并使管道牢固地固定在支架上，以抵抗管道的轴向推力。

(3) 支架的受力部件，如横梁、吊杆及螺栓等的规格，应符合设计和国家有关规范的要求。

(4) 支架的长度应使管道中心离墙的距离和管道中心之间的距离符合设计要求。

(5) 活动支架不应妨碍管道，由于热膨胀所引起的移动，支管与主干管的连接点应远离支架，一般不小于200mm，以免影响主干管的伸缩。

(6) 吊卡的吊杆应牢固地固定在楼板、梁或其他构筑物上，吊杆应垂直于管道(热膨胀管道除外)。吊杆的长度应做成可调节形。

3.2 建筑给水排水管道安装

3.2.1 建筑给水管道

1. 室外给水管道安装

(1) 就建筑给水来说,室外给水工程的范围是指工厂厂区或住宅小区的室外给水管道;城市的给水管网则属于市政给水的范围。因此,建筑给水工程和市政给水工程所执行的施工质量验收规范也是不一样的。在现阶段,建筑给水排水工程执行《建筑给水排水及采暖工程施工质量验收规范》(GB 50242),而市政给水排水工程则执行《给水排水管道工程施工及验收规范》(GB 50268)。

从广义的范围来说,室外给水工程的组成应当从取水构筑物开始,经一级泵站把原水输送到水厂,对水进行净化处理,使之达到饮用水的卫生标准,然后经二级泵站进入输水管道,输水管道再与城市或厂区的配水管网相连接。

(2) 室外给水管道的材质大致有四种:给水铸铁管、钢管、钢筋混凝土管和硬聚氯乙烯塑料管。其中以给水铸铁管应用最多,给水铸铁管按生产工艺的不同分为砂型离心铸铁管和连续铸铁管两大类,材质均为灰口铸铁。近年来,球墨铸铁给水管的应用日益广泛。按老标准的规定,给水铸铁管按工作压力等级分为低压管、普压管和高压管,其工作压力分别为 0.45MPa、0.75MPa 和 1.0MPa,但这种划分方法早在 1982 年颁布实施的产品标准中就已经改变了，现行标准对管材的压力级别和试验压力的规定见表 3—3 及表 3—4。

表 3—3　砂型离心铸铁管分级及试验压力

公称直径 DN	管材分级及试验压力(MPa)	
	P 级	G 级
DN≤450	2	2.5
DN>7500	1.5	2

表 3—4　连续铸铁管分级及试验压力

公称直径 DN	管材分级及试验压力(MPa)		
	LA 级	A 级	B 级
DN≤450	2	2.5	3
DN≥500	1.5	2	2.5

从以上两表可以知道，现行标准对管材采用了新的压力等级分级方法，相当于老标准中低压管的压力等级已取消，P 级和 LA 级相当于原普压管压力等级，G 级和 A 级相当于原高压管压力等级，而 B 级是老标准没有的更高压力等级标准。表 3—3 和表 3—4 中的试验压力是指管子材料本身应具备的强度，而不是管道安装后进行压力试验的数值。

(3) 室外给水管道应按以下顺序进行敷设:按施工图测量放线→开挖沟槽→铺管接口→试压→接口防腐→回填土→水冲洗→竣工验收。

(4) 室外给水管道的测量放线应根据施工总平面图提供的坐标基准点进行,但在施工中还应与永久性建筑物的位置进行核对,通常与建筑物外墙呈平行或垂直关系,平行时距建筑物 3～5m 以上。

(5) 室外给水管道通常采用埋地敷设,埋深一般不小于 0.7m,且必须在当地冰冻线以下。管道沟槽断面的形式有直槽、梯形槽、混合槽和联合槽四种,见图 3－7。可根据管径大小、土壤性质、地下水位高低及施工方法选用。当埋设较深时可采用混合槽;两根或两根以上管道并行敷设,可采用联合槽;在没有地下水的情况下,且土壤的湿度一般时,如果沟槽深度不超过下列规定,原则上可按直槽考虑,施工中常以 1∶0.1 的微边坡开挖:

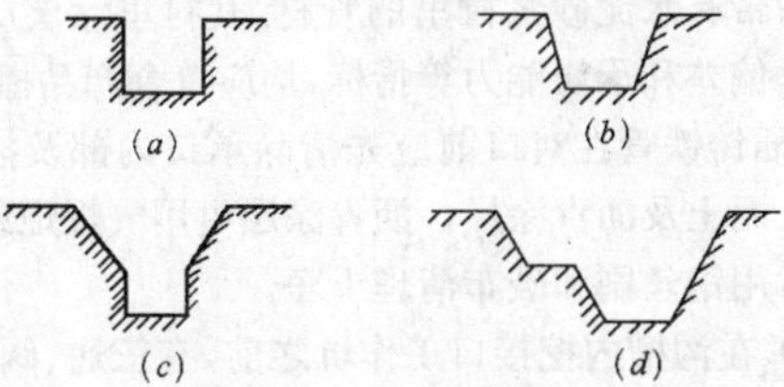

图 3－7 管道沟槽形式

(*a*)直槽;(*b*)梯形槽;(*c*)混合槽;(*d*)联合槽

填实的砂性土和砾石土　　　　0.8m；
亚砂土和粉质黏土　　　　　　1.0m；
黏土　　　　　　　　　　　　1.25m；
特别密实的土　　　　　　　　1.5m。

在挖掘管道沟槽时，注意不要超深。当使用机械挖掘时，应按设计深度留出20cm的富裕量，由人工清理找平。如果沟槽挖掘超过深度，应用夹砂石找平，若就地回填土，则必须夯实，不允许用垫石块、砖头等方法调整管道标高。总之，埋地敷设的给水铸铁管必须坐落在坚实的原土上，否则日后容易发生断管事故。

(6) 在进行铺管的准备工作时，应对管材和管件进行质量检验，具体内容有：承插口部分不得有粘砂和凸起、承口根部不得有凹陷；机械加工部位的轻微孔穴不大于1/3厚度，且不大于5mm；间断沟陷、局部重皮及疤痕的深度不大于5%壁厚加2mm；内外表面的漆层应完整光洁，附着牢固；带有水泥砂浆衬里的管材，其衬里涂层应完整牢固；尺寸偏差和承压能力等指标，均应符合产品标准要求。

承插铸铁管在对口前应先清除承口内部及插口外部的毛刺、泥土及沥青涂层。沥青涂层可用气焊炬或喷灯烧烤，然后用钢丝刷和破布清理干净。

(7) 在沟槽内挖接口工作坑之前，有三通、阀门、消火栓的地方要先定位，然后按承口迎向水流的方向逐个确定工作坑的位置。在坡度较大的地段，铺管时承口应在高处，以利管道的稳固和接口操作。铺管过程中，承插口不宜抵得太死，应留有 3～5mm 的间隙。

根据现行产品标准的规定，给水铸铁弯头有 11.25°、22.5°、45°及 90°四种规格，利用前三种弯头可以组合出多种不同的角度。只有在特殊的情况下才用钢制管件代替铸铁管件，钢材不像铸铁那样耐腐蚀，使用钢制管件必须做好防腐。

(8) 生活饮用水管道的布置应远离有毒和污染区，若必须通过这些地区要加装套管。建筑物的地下式生活贮水池距化粪池应在 10m 以上。

2. 室内给水管道

室内给水管道系统由引入管、水表节点、室内管道系统、升压和贮水设备等主要部分组成。

室内给水管道的安装顺序一般是先敷设引入管，后安装干管、立管和各个方向的横、支管。在民用住宅中，可按单元、按立管编号进行施工，在高层建筑中可按立管编号进行施工，总之按区域或系统分项施工，先地下后地上，先大管后小管，先安支吊架后装管道，再进行水压试验，合格后再装水龙头、与卫生器具镶接或连接用水设备。

(1) 引入管。建筑物的给水引入管上均应装设阀门和水表，必要时还要有泄水装置。引入管应有不小于 3‰ 的坡度，坡向室外管网或泄水装置。引入管与室内排水的排出管的水平间距，在室外不得小于 1.0m，在室内平行敷设时，其最小水平净距为0.5m；交叉敷设时，垂直净距为0.15m，且给水管应在上面。引入管穿越基础或承重墙时，要预留洞口，管顶与洞口间的净空一般不小于0.15m。引入管穿越地下室或地下构筑物外墙时，应采取防水措施，根据情况采用刚性或柔性防水套管。

(2) 干管和立管。给水横管应有2‰～5‰的坡度，坡向可以泄水的方向。当与其他管道同地沟或共支架敷设时，给水管应在热水管、蒸汽管的下面，在冷冻水管和排水管的上面。给水立管和装有3个或3个以上配水点的支管，在始端均应装设阀门和活接头。给水立管一般应在底层出地坪0.50m处装阀门，阀门后应装活接头。

给水管不宜穿过沉降缝、伸缩缝，如必须穿过应采取有效措施，如局部采用橡胶管或金属软管、橡胶柔性接头以及活动支架法。立管穿楼板时要加套管，套管底面与楼板底面齐平，套管上口一般高出楼板净地面20mm，在卫生间、食品加工间等容易积水的房间，应高出净地面40～50mm。

立管管卡安装，在楼层高不超过5m时，每层安装一个；当层高超过5m时，每层不得少于2个。管卡安装高度为1.5～1.8m，2个以上管卡可均布安装。

立管垂直度允许偏差为：每米为2mm，全长5m以上的累计误差不大于8mm。

当冷、热水立管并行敷设时，热水管在左侧，冷水管在右侧。当立管管径大于32mm时，管道外表面与墙壁抹灰面的距离为 30～50mm,对于较小的管径则为 25～35mm。

(3) 支管。给水支管应有不小于 2‰的坡度坡向可以泄水的方向。冷、热水管水平并行时,热水管应在冷水管的上面。明装支管、横管当管径在 32mm 以内时,管子外皮距墙面为 20～25mm。

(4) 水表与阀门。室内给水管道在引入管上装有总水表,以便对建筑物的总用水量进行计量。在民用住宅和有些商住楼中,每根给水立管上每层楼的支管也都装有水表。引入管上的水表装设在室内的阀井中,水表前后均装有阀门,为保证用水计量的准确,螺翼式水表上游应有 8～10 倍水表口径的直管段,其他类型水表前后应有不小于 300mm 的直管段,水表应水平安装,其外壳上的箭头方向应与水流方向一致。水表应装设在查看检修方便、不受曝晒、不致冻结、不受污染和不易损坏的地方。

给水管道上的阀门应装在宜于操作和便于更换的位置。管径小于或等于 50mm 时,宜采用截止阀;管径大于 50mm 时,宜采用闸阀。在双向流管段上,不论管径大小,均应采用闸阀。

止回阀也是给水管道上使用较多的阀件,在下列管段上,应装设止回阀:①两条或两条以上引入管且在室内连通时的每条引入管上;②利用室外给水管网压力进水的高位水箱,当其进水管和向室内供水的出水管共为一根时,在水箱的出水管上和引入管上,均应设止回阀,见图 3—8。

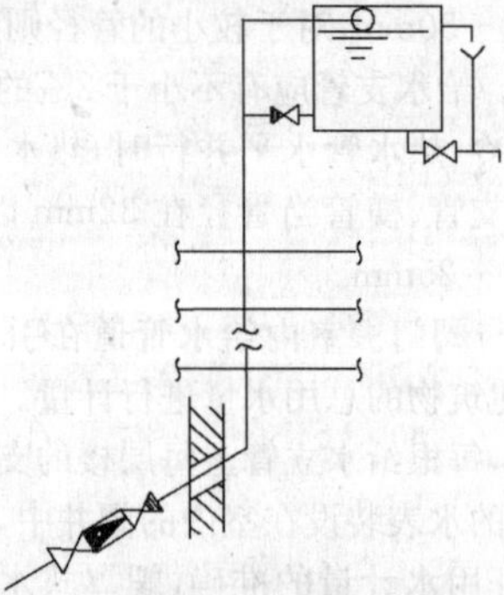

图 3—8　设有高位水箱的给水系统

此外，给水管道还应有防止水质不被污染的措施，例如生活饮用水不得因回流而被污染，要求给水管配水出口不得被任何液体淹没，并要求配水出口高出用水设备的溢流水位的最小空气间隙为管径的 2.5 倍。

管道施工完毕后，应按设计要求对管道系统进行压力试验，对于埋地和暗装的管道，应在隐蔽前进行压力试验。

3.2.2　室内排水管道及卫生器具安装

室内排水管道的常用管材主要有排水铸铁管和硬聚氯乙烯管。在民用住宅中，已普遍采用硬聚氯乙烯排水管，在高层建筑中也将以柔性接口机制铸铁排水管代替砂模铸造铸铁排水管。

室内排水管道系统包括卫生器具的安装和雨水管道的安装。

1. 铸铁排水管道的安装

(1) 排出管的安装。排水铸铁管属于重力流管道,采用承插连接,承口与插口的间隙一般为 6mm,接口材料采用石棉水泥,不得用水泥砂浆抹口。室内排水管的施工顺序,一般是先装排出管,再装排水立管和各层的横支管,最后安装卫生器具。

排出管的室外部分埋深不应小于当地冰冻线,室内部分埋深一般最小为 0.7m,若为混凝土地面也不应小于 0.4m。排水管道必须按设计规定的坡度施工,如果设计未作规定,应按表 3—5 规定的坡度施工,必要时可在短距离内加大坡度,但不得超过 0.15。

表 3—5　排水管道的标准坡度和最小坡度

管径 DN	工业废水(最小坡度)		生活污水	
	生产废水	生产污水	标准坡度	最小坡度
50	0.020	0.030	0.035	0.025
75	0.015	0.020	0.025	0.015
100	0.008	0.012	0.020	0.012
125	0.006	0.010	0.015	0.010
150	0.005	0.006	0.010	0.007
200	0.004	0.004	0.008	0.005

排出管自建筑物至室外排水检查井中心的距离不宜小于3.0m。一般先将排出管做出建筑物外墙1.0m处，待室外管道和检查井施工后，再接入井内，排出管与室外排水管应采用管顶相平或排出管略高。

排出管穿过建筑物基础或承重墙时应预留洞口，上部净空不小于0.15m。穿过地下室外墙时可采用刚性防水套管。排出管与排水立管的连接应采用两个45°弯头或弯曲半径为4倍管径的90°弯头，并在弯头下面砌筑砖支墩。

排出管及在地坪以下的立管在隐蔽前必须做灌水试验，合格后方可回填土或进行隐蔽。

(2) 立管及横支管的安装。在排水立管上每隔两层设置一个检查口，但在最低层和有卫生器具的最高层必须设置。如为两层建筑，可仅在底层设置检查口。立管上如果有乙字弯管，则在该层乙字弯管的上部设置检查口。立管上两个检查口之间的距离不得大于10m。检查口的高度，从地面至检查口中心为1.0m，允许偏差为±20mm，并应高于本层卫生器具上边缘1.50mm。检查口的朝向应便于维修，对于暗装立管，在检查口处应安装检修门。

排水立管与横管的连接以及横管与横管之间的连接宜采用45°三通或45°四通和90°斜三通或90°斜四通。立管上连接横管的三通或四通口中心距楼板底面一般以

350～400mm 为宜。通气管不得与风道或烟道连接，高出屋面不得小于 300mm，但必须大于最大积雪厚度。排水横管的坡度见表 3－5。排水管不得穿越沉降缝、烟道和风道，并避免穿过伸缩缝。

在连接 2 个及 2 个以上大便器或 3 个及 3 个以上卫生器具的污水横管上，应设置清扫口。当污水管在楼板下悬吊敷设时，可将清扫口设在上一层楼地面上。污水管起点的清扫口与管道相垂直的墙面距离，不得小于 200mm；若污水管起点设置堵头代替清扫口，则与墙面距离不得小于 400mm。

排水管道上的支吊架应牢固可靠，其间距要求为横管不大于 2m；立管不得大于 3m。层高小于或等于 4m 时，立管上可安装一个支架。

2. 排水塑料管的安装

建筑排水用硬聚氯乙烯管件（即 UPVC 或 PVC－U，以下简称排水塑料管），具有质轻、易于切断、施工方便、水力条件好的特点，因而在建筑排水工程，尤其是民用建筑排水工程中应用十分广泛，适用于水温不大于 40℃的生活污水和工业废水的排放。

与普通排水铸铁管不同的是，排水塑料管及管件的规格不是以公称直径表示，而是以公称外径表示。由于其连接方式采用承插粘结，因而对管材外径和承口内径都有一定公差要求，其具体规格见表 3－6。

表 3—6　　直管及粘结承口规格(mm)

公称外径	平均外径极限偏差	直管壁厚		粘结承口		
				承口内径		承口深度
		基本尺寸	极限偏差	最小	最大	(最小)
40	+0.3	2.0	+0.4	40.1	40.4	25
50				50.1	50.4	25
75		2.3		75.1	75.5	40
90		3.2	+0.6	90.1	90.5	46
110	+0.4			110.2	110.6	48
125				125.2	125.6	51
160	+0.5	4.0		160.2	160.7	58

(1) 管道安装的一般规定。管道应按设计规定设置检查口或清扫口,当立管设置在管道井、管窿(即为布置管道而构筑狭小的不进人空间)或横管在吊顶内时,在检查口或清扫口位置应设检修门。

立管和横管应按设计要求设置伸缩节。当楼层高度小于 4m 时,立管(包括通气立管)应每层设一个伸缩节;横管上无汇合管件的直线管段大于 2m 时,应设伸缩节,但伸缩节之间的最大间距不得大于 4m。住宅内排水立管上的伸缩节安装高度一般为距地面 1.2m。当设计对伸缩节的伸缩量未作规定时,管端插入伸缩节处预留的间隙应为:夏季施工时为 5～10mm,冬季施工时为 15～20mm。

管道支承件的间距,立管管径为 50mm 时,不得大于

1.2m。管径大于或等于 75mm 时，不得大于 2m，横管直线管段支承件间距应符合表 3－7 的规定。非固定支承件的内侧应光滑，与管壁间应留有微隙。

表 3－7 **横管直线管段支承件的间距**

管径(mm)	40	50	75	90	110	125	160
间距(m)	0.40	0.50	0.75	0.90	1.10	1.25	1.60

塑料管与铸铁管连接时，宜采用专用配件。当采用石棉水泥或水泥捻口连接时，应先把塑料管插口外表面用砂布打毛或涂刷胶粘剂后滚粘干燥的粗黄沙，插入铸铁承口后再填嵌油麻，用石棉水泥或水泥捻口。塑料管与钢管、排水栓连接时采用专用配件。

在设计要求安装防火套管或阻火圈的楼层，应先将防火套管或阻火圈套在欲安装的管段上，然后进行管道接口连接。

(2) 管道粘接。排水塑料管的切断宜选用细齿锯或割管机具，端面应平整并垂直于轴线，且应清除端面毛刺，管口端面处不得有裂痕、凹陷。插口端可用中号板锉锉成 15°～30°坡口，坡口厚度宜为管壁厚度的 1/3～1/2。

在粘接前应将承口内面和插口外面擦拭干净，无灰尘和水迹。若表面有油污，要用丙酮等清洁剂擦净，插接前要根据承口深度在插口上划出插入深度标记。

胶粘剂应先涂刷承口内面，后涂插口外面所作插入深度标记范围以内。注意胶粘剂的涂刷应迅速、均匀、适量、无漏涂。承插口涂刷胶粘剂后，应即找正方向将管子插入承口，施加一定压力使管端插入至预先划出的插入深度标记处，将管子旋转约 90°，并把挤出的胶粘剂擦净，让接口在不受外力的条件下静置固化，低温条件下应适当延长固化时间。

胶粘剂的安全使用要注意以下几点：①胶粘剂和清洁剂的瓶盖应随用随开，不用时盖严，禁止非操作人员使用；②管道、管件集中粘接的预制场所，严禁明火，场内应通风；③冬季施工，环境温度不宜低于－10℃；当施工环境温度低于－10℃时，应采取防寒防冻措施；施工场所应保持空气流通，不得密闭；④粘接管道时，操作人员应站在上风处，且宜佩戴防护手套、防护眼镜和口罩。

3. 室内排水系统试验

室内排水管道安装完成后，要进行灌水试验，以检查管道和接口的严密性。

对生活和生产排水管道系统，管内灌水高度要达到一层楼高度(不超过 0.5MPa)。凡埋地和暗装的排水管道，在隐蔽前必须做灌水试验；各楼层的立管和横支管，也要逐层做灌水试验，具体方法可使用试漏胶囊，通过检查口插入立管，再充气封堵管道，即可进行灌水试验；雨水管道的灌水高度应达到每根立管最上部的雨水漏斗，但对于高层建筑，雨水管道的试验方法尚无明确的规定，可根据具体工程设计在现场协商解决。

灌水试验满水 15min。液面如下降，再灌满延续 5min，液面不下降为合格。

排水管道系统还应进行通水试验，并由上而下进行，在面盆、浴缸等卫生器具放满水进行试验，以排水通畅、不漏不堵为合格。通水试验还应在给水系统的 1/3 配水点同时用水的情况下进行。试验结果应排水通畅，排水点及管道系统无渗漏为合格。

有的地区还规定，对住宅（包括多层住宅）工程的排水系统的排水主管、横干管及排出管还要进行通球试验。试验用球一般采用硬质空心塑料球，球的外径应为管道内径的 1/2～3/4。

4. 卫生器具安装

(1) 对材料、设备的基本要求

卫生器具外观应表面光滑，无凹凸不平，色调一致，边缘无棱角毛刺，端正无扭歪，尺寸规矩，无碰撞裂纹。

卫生器具内在质量方面应做到：材质不含对人体有害物质，冲洗效果好、噪声低，便于安装维修。

卫生器具的零配件的规格应符合标准，螺纹完整，锁母松紧适度，管件无裂纹。

卫生设备开箱时应按所附清单一一点件，并妥善保管。

(2) 卫生器具安装标准：

1) 卫生器具的安装高度见表 3－8，卫生器具安装的允许偏差和检查方法见表 3－9。

表 3—8　　**卫生器具的安装高度**

项次	卫生器具名称		卫生器具安装高度(mm) 居住和公共建筑	卫生器具安装高度(mm) 幼儿园	备　注
1	污水盆(池)	架空式	800	800	
		落地式	500	500	
2	洗涤盆(池)		800	800	
3	洗脸盆和洗手盆(有塞、无塞)		800	500	自地面至器具上边缘
4	盥洗槽		800	500	
5	浴盆		520	—	
6	蹲式大便器	高水箱	1800	1800	自台阶面至高水箱底
		低水箱	900	900	自台阶面至低水箱底
7	坐式大便器	高水箱	1800	1800	自台阶面至高水箱底
		低水箱 外露排出管式	510	—	自地面至低水箱底
		低水箱 虹吸喷射式	470	370	
8	小便器	立式	1000	—	自地面至上边缘
		挂式	600	450	自地面至下边缘
9	小便槽		200	150	自地面至台阶面
10	大便槽冲洗水箱		不小于2000	—	自台阶至水箱底
11	妇女卫生盆		360	—	自地面至器具上边缘
12	化验盆		800	—	自地面至器具上边缘

表 3—9　**卫生器具安装的允许偏差和检查方法**

项次	项目		允许偏差(mm)	检查方法
1	坐标	单个器具	10	拉线、吊线和尺量检查
		成排器具	5	
2	标高	单个器具	±15	
		成排器具	±10	
3	器具水平度		2	用水平尺和尺量检查
4	器具垂直度		3	吊线和尺量检查

注:检查数量:各抽检 10%,但均不少于 5 个(组)。

2）卫生器具的排水管径和最小坡度见表 3—10;卫生器具给水配件的安装高度见表 3—11。

表 3—10　**连接卫生器具的排水管管径和最小坡度**

项次	卫生器具名称	排水管管径(mm)	管道的最小坡度
1	污水盆(池)	50	0.025
2	单双格洗涤盆(池)	50	0.025
3	洗手盆、洗脸盆	32～50	0.020
4	浴盆	50	0.020
5	淋浴器	50	0.020
6	大便器		
	高低水箱	100	0.012
	自闭式冲洗阀	100	0.012
	拉管式冲洗阀	100	0.012

续表

项次	卫生器具名称	排水管管径(mm)	管道的最小坡度
7	小便器		
	手动冲洗阀	40～50	0.020
	自动冲洗水箱	40～50	0.020
8	妇女卫生盆	40～50	0.020
9	饮水器	25～50	0.01～0.02

注:成组洗脸盆接至共用水封的排水管的坡度为0.01。

表3—11　一般卫生器具给水配件的安装高度

项次	卫生器具给水配件名称	给水配件中心距地面高度(mm)	冷热水龙头距离(mm)
1	架空式污水盆(池)水龙头	1000	—
2	落地式污水盆(池)水龙头	800	—
3	洗涤盆(池)水龙头	1000	150
4	住宅集中给水龙头	1000	—
5	洗手盆水龙头	1000	—
6	洗脸盆		
	水龙头(上配水)	1000	150
	冷热水管上下并行其中热水龙头	1100	—
	水龙头(下配水)	800	150
	角阀(下配水)	450	—
7	盥洗槽水龙头	1000	150
	冷热水管上下并行其中热水龙头	1100	150
8	浴盆水龙头(上配水)	670	
	冷热水管上下并行其中热水龙头	770	

续表

项次	卫生器具给水配件名称	给水配件中心距地面高度(mm)	冷热水龙头距离(mm)
9	淋浴器		
	截止阀	1150	95(成品)
	莲蓬头下沿	2100	—
10	蹲式大便器(从台阶面算起)		
	高水箱角阀及截止阀	2040	—
	低水箱角阀	250	—
	手动式自闭冲洗阀	600	—
	脚踏式自闭冲洗阀	150	—
	拉管式冲洗阀(从地面算起)	1600	—
	带防污助冲器阀门(从地面算起)	900	—
11	坐式大便器		
	高水箱角阀及截止阀	2040	—
	低水箱角阀	250	—
12	大便槽冲洗水箱截止阀(从台阶面算起)	不低于 2400	—
13	立式小便器角阀	1130	—
14	挂式小便器角阀及截止阀	1050	—
15	小便槽多孔冲洗管	1100	—
16	实验室化验龙头	1000	—
17	妇女卫生盆混合阀	360	—
18	饮水器喷嘴嘴口	1000	—

注:装设在幼儿园内的洗手盆、洗脸盆和盥洗槽水龙头中心离地面装安高度,应减少为 700mm;其他卫生器具给水配件的安装高度,应按卫生器具的实际尺寸相应减少。

(3) 常用卫生器具安装：

1) 一般规定：

① 一般常用卫生器具的安装尺寸，要符合标准规定要求，实际工作中要参照生产厂家的产品说明书所提供的具体尺寸；

② 卫生器具的安装位置应正确，允许偏差为单个器具 10mm、成排器具 5mm；

③ 卫生器具安装应端正，垂直度偏差≤3mm；

④ 安装高度应符合设计或规范要求，允许偏差为单个器具 10mm、成排器具 5mm；

⑤ 卫生器具的安装，宜采用膨胀螺栓固定。当采用木螺丝固定，要预埋经过防腐处理的木砖，并应凹进净墙面 10mm。如果在轻质低强度墙体上安装卫生器具，应采取经设计单位认可的技术措施。

2) 排水口的连接：

① 预留卫生器具排水管的孔洞时，一定要确切了解卫生器具的型号、规格和排水口口径和位置尺寸，符合标准图规定的，按标准图预留，不符合标准图规定的，按实际预留，必要时先做一个样板卫生间，以便取得可靠数据；

② 地漏应安装在地面的最低处，其箅子顶面应低于所在处地面 5mm；有排水栓的器具，排水栓与器具底面的接触应平整严密，且略低于底面；有饰面的浴盆，应设置通向浴盆排水口的检修门；

③ 器具排水口与排水管道的连接应严密可靠，不发生泄漏；

④ 从排水横支管安装到与卫生器具排水管或存水弯相连接的整个施工期间，要封堵预留管口，防止杂物落入管内，实践证明，此点极为重要。建筑垃圾造成排水管道堵塞或造成部分堵塞后造成排水不畅的现象屡见不鲜。

3）给水配件的连接：

① 卫生器具给水配件的安装，本应属于室内给水管道安装的范围，在施工图预算中也是这样划分的，这里之所以在室内排水系统的卫生器具介绍，是为了实际应用的方便。卫生器具给水配件的一般安装高度见表 3—11；

② 暗装配件镶接完成后，建筑饰面应完好，给水配件的法兰罩与墙面配合良好；

③ 阀件、水嘴开关应灵活，不漏水；大便器的水箱内的零部件动作应灵活、正确、不漏水；

④ 给水镀铬配件、阀件不得使用管子钳安装，应用扳手紧固；卫生器具使用的铜管或软管，长度应适当，连接螺纹配合适度，应尽可能以软管代替传统的铜管，这对安装和日后的维修都是有利的；

⑤ 对于洗脸盆、浴盆、洗涤盆、淋浴器等有冷热水供应的卫生器具，冷水管和龙头应在右侧，热水管和龙头应在左侧；冷水阀件上通常有绿色或蓝色标志，热水阀件上通常有红色标志。

3.3 采暖管道安装

按照热媒的不同，采暖形式主要分为热水采暖、蒸汽采暖两种。

采暖系统由三个基本部分组成：(1)热源部分，即热能的发生器，如锅炉、热交换器；(2)输热部分，即输送热介质的管网；(3)散热部分，即室内散热器。

按照采暖系统的作用范围，可分为局部采暖、集中采暖和区域性采暖系统。局部采暖系统是指热源、管道和散热器紧密相连的采暖系统，北方居民家中自行安装的"土暖气"是局部采暖的典型；集中采暖是指由一台锅炉提供热能，通过管道供应一个或几个建筑物采暖的系统；区域性采暖是指在一个较大的范围内，由中央锅炉房通过室外管网向各个区域供应高温热水(110～130℃)或高压蒸汽，再通过各区域的热力站(点)转换成低温热水(95℃)或低压蒸汽，再供给各个建筑物进行室内采暖。室内高温热水采暖仅用于部分工业建筑和公用建筑中，也常作为一次热媒使用。

3.3.1 室内采暖系统安装的基本程序

支架制作安装→测绘管段，绘制加工草图，下料预制→阀件检试验压→系统设备制作→散热器组对、试压→干管、立管安装→散热器及支管安装→系统附件、设备安装→系统试压、吹扫→刷漆、保温→交工验收。

3.3.2　热水采暖系统

通常所说的热水采暖也称温水采暖，其设计供水温度为 95℃，回水温度为 70℃。

1. 自然循环热水采暖系统

自然循环热水采暖系统，是靠供水与回水的温度差所造成的重力差来进行循环的，因此，也叫重力循环系统，其基本原理如图 3—9 所示。

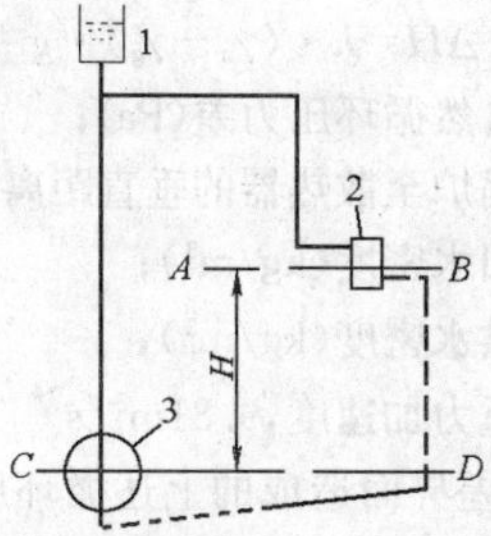

图 3—9　自然循环温水采暖原理

1—膨胀水箱；2—散热器；3—锅炉

假设热水锅炉向散热器稳定地供应温度为 95℃的热水，经散热器散热之后，回水温度为 70℃，可以认为，供水和回水之间 25℃的温度差，全部是由散热器的散热造成的。也就是说，从锅炉到散热器的水温均为95℃，从散热器到锅炉的水温均为70℃，并以散热器和锅炉的水平中线*AB*和*CD*作为温度变化的分界线。

这样，在*AB*线以上，水温均为95℃。因为同温度水的密度相同，故上部不存在温度差。在*CD*线以下，水的温度均为70℃，同样不存在温度差。在*AB*与*CD*线之间，情况则不同，锅炉以上的供水温度高，故密度小于散热器以下回水的密度。由于水温不同造成的压力差ΔH为：

$$\Delta H = h \cdot (\gamma_h - \gamma_g) \cdot g \qquad (3-2)$$

式中 ΔH——自然循环压力差(Pa)；

h——锅炉至散热器的垂直距离(m)；

γ_h——回水密度(kg/m^3)；

γ_g——供水密度(kg/m^3)；

g——重力加速度，9.81m^2/s。

由于水温的差异而造成的上述循环压力差是比较小的，尤其是当建筑物底层散热器与锅炉的垂直距离较近时，压力差更是微不足道的。为了维持一定的循环压力，锅炉与底层散热器的垂直距离应不小于3m，因此要求锅炉设在建筑物的地下室内，这对一般建筑物来说是无法做到的。由于自然循环温水采暖系统的循环压力差小，便限制了锅炉房的作用面积。

由于自然循环温水采暖系统有上述种种特点，只有在特定的情况下才能采用，但自然循环的原理是应当了解的。

2. 机械循环温水采暖系统

(1) 管道系统的图式及特点。机械循环就是依靠水泵使供水和回水在采暖管道中循环，由于水泵的压头比靠水的温度差而产生的重力压差大得多，因此，管网可以选用较高的流速和较小的管径。

机械循环温水采暖常用图式有下分式双管系统（见图 3—10）、上分式双管系统（见图 3—11）及单管系统（见图 3—12）。

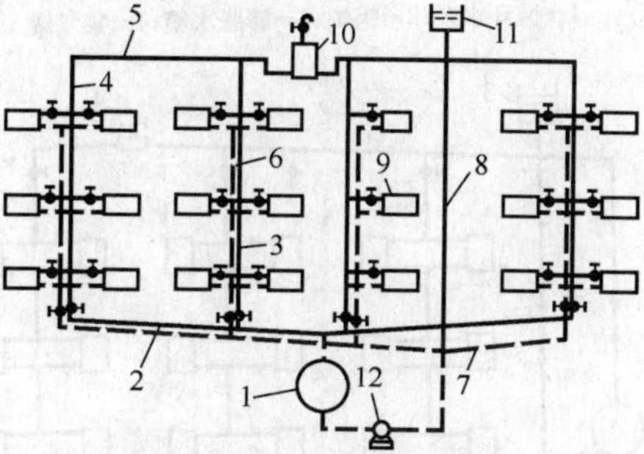

图 3—10　下分式双管采暖系统

1—锅炉；2—供水干管；3—供水立管；4—空气立管；5—空气干管；6—回水立管；7—回水干管；8—膨胀管；9—散热器；10—集气罐；11—膨胀水箱；12—循环水泵

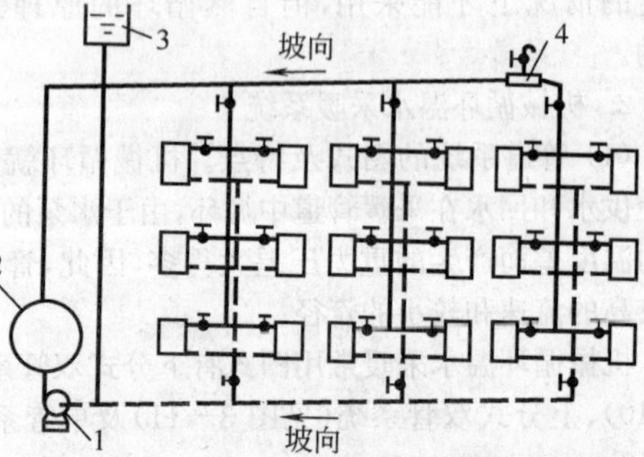

图 3—11　上分式双管采暖系统

1—循环水泵；2—锅炉；3—膨胀水箱；4—集气罐

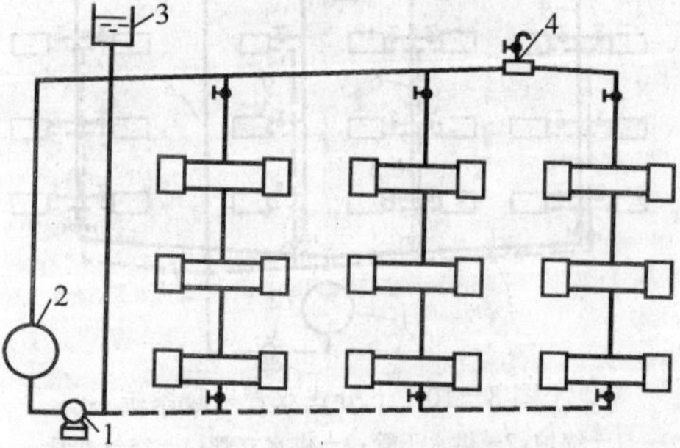

图 3—12　单管采暖系统

1—循环水泵；2—锅炉；3—膨胀水箱；4—集气罐

上述采暖系统均为闭合循环回路，循环水泵必须设在回水管上。由于水泵的运转，必然对一部分管道形成压力，对另一部分管道形成吸力，这样，在整个闭合环路中，必然有一点是压力的终结，同时又是吸力的始点，此点称为采暖系统的“恒压点”或“零点”。实际上，膨胀水箱与回水管相连之点，就是恒压点。也就是说，从此点至水泵的管段受吸力，而采暖系统的其余部分受压力。在恒压点上，压力等于膨胀水箱的水静压力。

如果将恒压点移到水泵之前，则管道系统在相当大的范围内将处于水泵吸力作用下，压力也必然小于膨胀水箱的水静压力，故靠近水泵吸水口处的管道可能形成负压，以至在回水温度较高时引起汽化。如果管道不严密，还可能吸入外界的空气，这对整个管道系统的循环是非常不利的。因此，膨胀水箱必须与回水干管相连接，这是温水采暖系统一条重要的基本原理。

膨胀水箱与回水干管之间的连通管叫膨胀管。在一般情况下，是将膨胀管引出建筑物后，在室外地沟中(进户控制阀门的外侧)与回水干管相连，而不引回锅炉房。当膨胀水箱只有一根膨胀管与回水干管相连时，水箱内的水显然是不循环的，在这种情况下，膨胀水箱只能安装在不可能冻结的地方。如果把膨胀水箱安装在有可能冻结的屋顶阁楼内，除做好保温外，还要多安装一个循环管。循环管与回水干管连接处距膨胀管与回水干管连接处应为 1.2～2m，以便使采暖系统的一部分回水通过循环管——膨胀水箱——膨胀管进行缓慢循环，膨胀水箱内的水才不致冻结。

在机械循环温水采暖系统中，各立管与主立管的距离总是不相等的，因此，通过各立管建立的循环环路的总长度也不相等，这种采暖系统称为异程系统。在异程系统中，由于各个环路的阻力不同，所以温水的流量也不相同，即靠近主立管的环路阻力小、流量大，散热量也大；而远离主立管的环路阻力大、流量小，散热量也小，因此，不能实现管道系统的热平衡。为了实现热平衡，在设计中往往对近环路采取比较小的管径，或利用立管上的阀门对流量加以调节。

当各循环环路的阻力相差悬殊时，应采用同程系统（见图 3—13）。在同程系统中，各环路的长度相等，阻力平衡，工作稳定可靠。

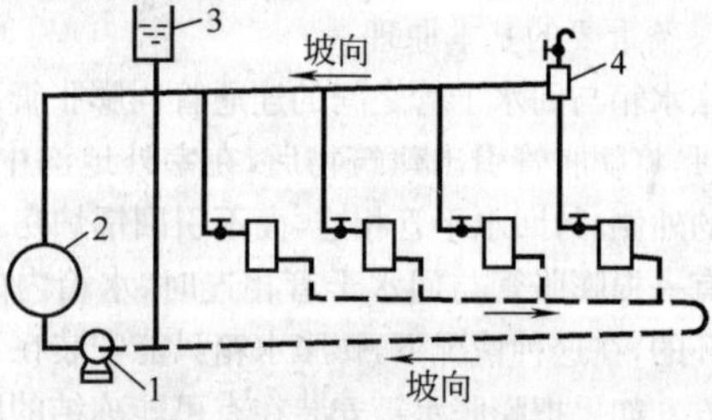

图 3—13　同程式采暖系统

1—循环水泵；2—锅炉；3—膨胀水箱；4—集气罐

(2) 膨胀水箱。在机械循环温水采暖系统中，水的温度随着管道系统的充水——运行——停运而有所变化。水同其他物质一样具有热胀冷缩的性质，如果管道系统的结构不能适应这种变化，必将在系统内部产生很大的压力，甚至造成泄漏。膨胀水箱就是在采暖系统水温升高或降低时，用来吸收或补偿水量的容器。

膨胀水箱设在管道系统的最高位置，每个独立的采暖系统都必须设一个膨胀水箱。当几个建筑物属于一个采暖系统时，可以在其中最高的建筑物上设一个膨胀水箱。

膨胀水箱可以用钢板做成圆形或方形，水箱的容积主要与管道系统的水容量和水温的变化值有关，其计算公式为：

$$V=3\alpha\Delta tV_g \tag{3-3}$$

式中 V——膨胀水箱的有效容积（从信号管位置到溢流管位置之间的容积），L；

α——水的体膨胀系数，$\alpha=0.0006$；

Δt——水温变化值，一般取 25℃；

V_g——管道系统（包括散热器、锅炉）的容积，L。

如将上式中 α 与 Δt 的常用值代入，即得：

$$V\approx0.05V_g$$

由此得到一个基本概念，即温水采暖系统膨胀水箱的容积约为整个采暖系统容积的 5%。

膨胀水箱的接管如图 3－14 所示。

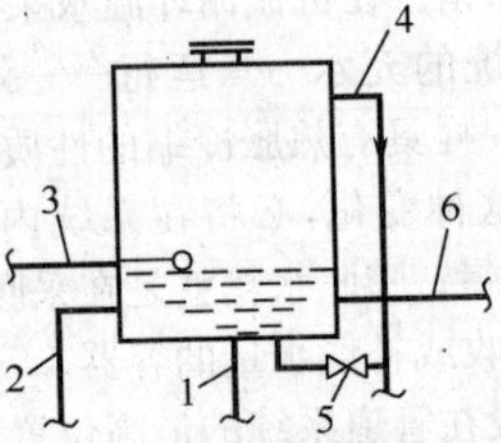

图 3—14　膨胀水箱的接管

1—膨胀管；2—循环管；3—给水管；4—溢流管；5—排污阀；6—信号管

在膨胀管和循环管上，不允许安装阀门，因为一旦阀门关闭，便完全切断了膨胀水箱与管道系统的联系，使膨胀水箱失去补偿水量的作用，可能产生严重后果。膨胀水箱设有上水管和浮球阀，以便供给补给水。信号管是为检查水箱内的水位而安装的，并设有控制阀。信号管内应充满水，当信号管内无水时，说明管道系统漏水严重或补水发生故障，应及时处理。如果膨胀水箱距锅炉房较远，不便设信号管，应安装浮标液面计和电信号控制系统来掌握水位情况。

3. 热水采暖管道安装

热水采暖管道均采用钢管，当管径小于或等于 32mm 时采用螺纹连接，管径大于 32mm 时采用焊接，必要时也采用法兰连接。

在热水采暖系统中，不论是启动阶段还是运行阶段，排除空气是很重要的。水平管道的坡度一般为 3‰，最小为 2‰，尽可能设为顺流上升坡度，避免水、气逆向流动；采暖系统回水干管至锅炉房应有 5‰的下降坡度。水平管道变径时，应采用顶平偏心大小头。当采暖立管管径大于 32mm 时，管道外表面距净墙面 30～50mm；对于管径小于或等于 32mm 不保温的采暖双立管，其中心间距为 80mm。双立管的布置应将供水立管设在面向的右侧，回水立管设在面向的左侧。当采暖立管与支管相交时，应使立管绕过支管，即在立管上煨制抱弯，或选用可锻铸铁抱弯成品件。

与膨胀水箱相连的膨胀管和循环管上，不得安装任何阀门。

管道从门窗或其他洞口处绕行，其转角处如低于或高于管道水平走向，其最高点或最低点应分别安装排气和泄水的装置。明装干管过门时，一般有两种方式：一是在门下做一个小地沟绕过；一是从门上绕过，见图 3—15。

管道穿过墙壁和楼板，应加装套管，装在楼板内的套管，顶部应高出地面 20mm，底部应与楼板底面相平；装在墙壁中的套管，其两端应与饰面相平。

采暖管道在运行过程中有热胀冷缩现象，故应在适当部位采取相应的补偿措施。需要设置补偿器的部位和补偿器的型号规格，由设计确定，并在施工图中表达出来。

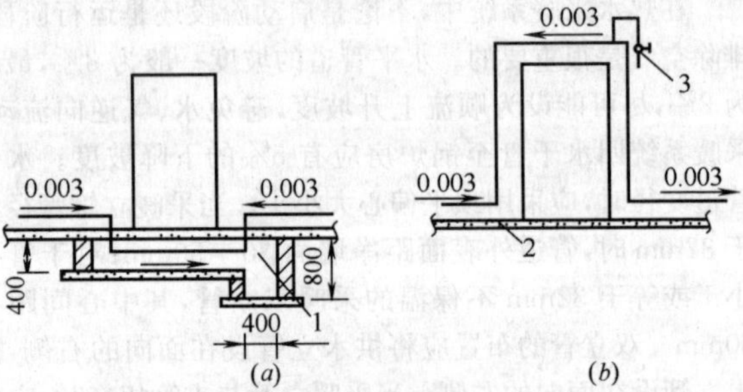

图 3—15 热水采暖干管过门绕行方式

1—泄水丝堵;2—排水阀;3—放气阀

对于热水采暖系统,及时排除管道系统中的空气是系统顺利启动和正常运行的重要条件。在不同的系统图式中,排气方式也不相同,除了图 3—10 至图 3—12 中表示的排气方式以外,在自然循环系统中,水流缓慢,空气可以通过膨胀水箱排出;在水平串联系统中,空气通过各层散热器上部的手动放气阀排出;在下分式系统中,空气通过顶层散热器上的手动放气阀排出。在上分式系统中,空气通过干管各段最高处的集气罐排出,集气罐的制作在标准图中有明确的规定。

热水采暖系统的水压试验,应以系统顶点的工作压力加 0.1MPa 作为试验压力,同时系统顶点的试验压力不得小于 0.3MPa。高温热水采暖系统的水压试验,当工作压力小于 0.43MPa 时，试验压力等于工作压力的两倍；当工作压力为 0.43～0.71MPa 时，试验压力等于工作压力的 1.3 倍，外加 0.3MPa。采暖系统做水压试验时，在 5min 内压力降低不大于 0.02MPa 为合格。

3.3.3 蒸汽采暖系统

1. 蒸汽采暖系统的特点

蒸汽采暖主要是利用蒸汽凝结时放出的汽化热。以蒸汽作为热媒，可以提高散热器表面的温度，传热系数也相应增大，因此，蒸汽采暖系统的散热器片数比温水采暖系统的散热器片数可以减少 30%～40%。蒸汽可以采用较高的流速，因而管道直径比温水采暖系统小，从而降低了工程造价。

蒸汽采暖系统的热惰性比温水采暖系统小，也就是说，蒸汽采暖系统送汽后能较快地散热，停汽后能较快降温，这一特点很适用于需要定时供暖的工厂车间、影剧院等场所。此外，由于蒸汽的容重小，即使在高层建筑中，也不会对底层散热器造成过大的压力，而温水采暖系统用于高层建筑时，必须采取措施，以限制水的静压力。

蒸汽采暖的缺点是散热器表面温度过高，造成有机灰尘的分解，使人感到燥热和有异味，采用高压蒸汽时，尤为明显。高压蒸汽系统的散热器和明管表面温度均在 100℃以上，对人体容易造成烫伤。蒸汽管道中的凝结水如不能顺利排除，还会产生水击，振动和噪声，影响环境安静。

蒸汽采暖系统按蒸汽压力的大小，可分为低压蒸汽采暖（即蒸汽压力小于或等于 0.07MPa）和高压蒸汽采暖（即蒸汽压力大于 0.07MPa）；按立管的设置可分为单管式和双管式蒸汽采暖系统；按蒸汽干管的设置位置可分为上分式、中分式和下分式蒸汽采暖系统；按凝结水的回水方式可分为重力回水和机械回水蒸汽采暖系统。图3－16～图 3－18 为几种常用的低压蒸汽采暖系统图式，图3－19为高压蒸汽采暖图式。

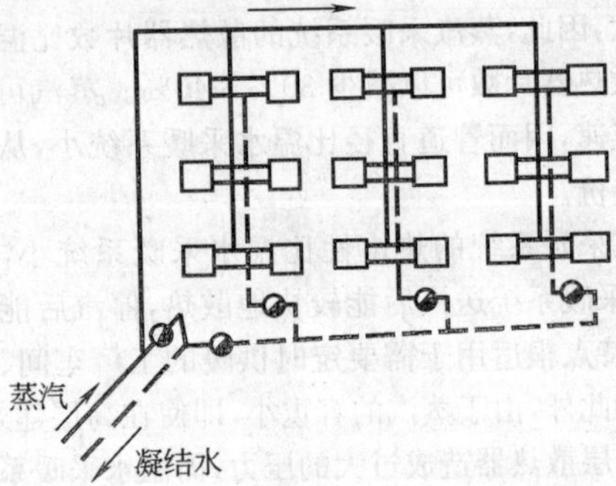

图 3－16　双管上分式蒸汽采暖系统

2. 蒸汽管道

蒸汽在管道内流动的速度是相当快的，管道中产生的凝结水会被高速流动的蒸汽带走并形成水塞，这对管道系统的运行是有害的。为了及时排除管道中的凝结水，应顺蒸汽流动的方向设 3‰的坡度；如果条件限制必须设逆向坡度时，则坡度应为 5‰，并应适当放大蒸汽管径以降低流速，在蒸汽干管和凝结水干管的适当部位采取热补偿措施。

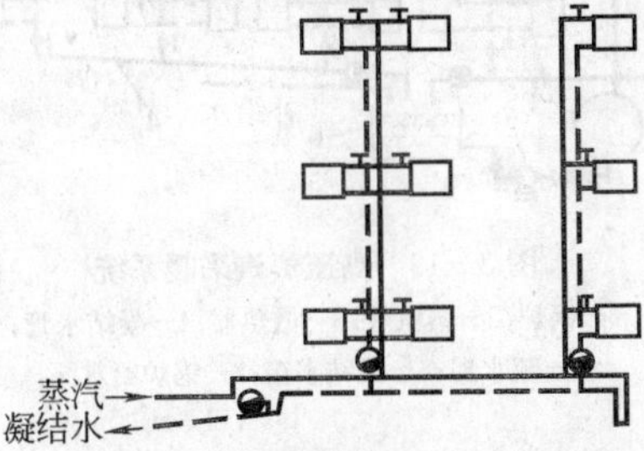

图 3－17 双管下分式蒸汽采暖系统

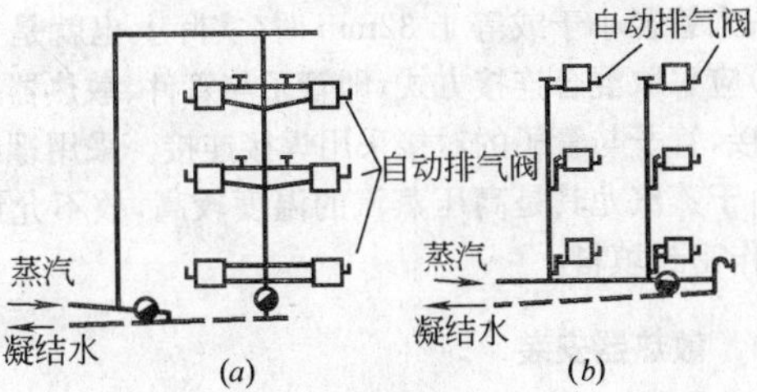

图 3－18 单管蒸汽采暖系统

(a)上分式；(b)下分式

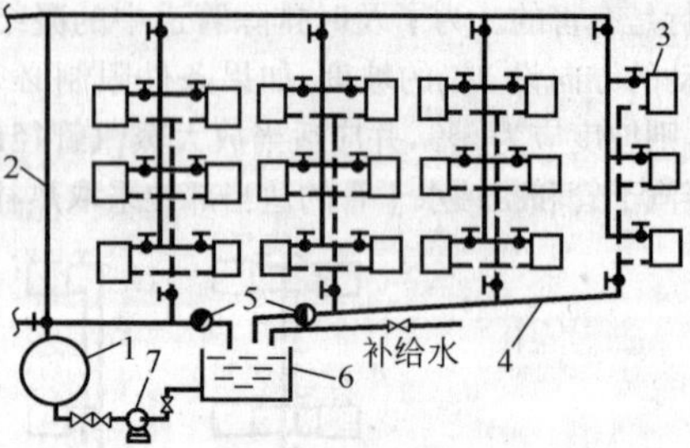

图 3－19　高压蒸汽采暖系统

1－锅炉；2－蒸汽管；3－散热器；4－凝结水管；
5－疏水器；6－凝结水箱；7－锅炉给水泵

蒸汽采暖管道的连接方式依具体情况而定：当管径大于 32mm 时，宜采用焊接连接，与阀门、疏水阀可采用法兰连接；当管径小于或等于 32mm 时(实际上也就是立管和支管)应采取混合连接方式，即管子与管件、散热器采用螺纹连接，管子与管子的对接采用焊接连接。采用螺纹连接时，由于蒸汽尤其是高压蒸汽的温度较高，故不允许使用麻丝作密封填料。

3.3.4　散热器安装

散热器按散热方式的不同分为对流散热器和辐射散热器；按材质的不同分为铸铁散热器、钢制散热器和铝制散热器;按散热器的型式又可分为柱型、翼型、串片式、扁管式、板式、光排管式等多种,其中柱型散热器应用较广,因系由散热片组对而成,故也称为片式散热器,属于对流散热器。

1. 散热器的类型

(1) 传统的灰铸铁散热器有柱型、长翼型、圆翼型,柱型散热器较为常用。柱型散热器又分为 M132 型(即二柱型)、四柱型、五柱型和六柱型,其中 M132 型和四柱型应用较多。它们都属于对流散热器。

铸铁散热器中还有一种形状与柱型散热器相似,但表面较为平直,以辐射和对流两种方式散热,故称为灰铸铁辐射对流散热器。

铸铁散热器具有久远的历史,耐腐蚀性能好,使用寿命长,很少需要维修。它的缺点是承压能力较差,不适用于静压力较高的系统,自重大,比较笨重。近十几年来,不少厂家已生产稀土铸铁散热器,提高了散热器的强度,同样散热面积的自重得以降低。

(2) 钢制散热器主要有:钢串片散热器、钢制板式散热器、钢制柱型散热器、基板式散热器和光排管散热器等多种对流式散热器。

(3) 铝制散热器是由铝合金翼型管材加工成排管状,操制散热器外形美观,质量轻,耐腐蚀,承压高,传热性能好。

各种钢制散热器的优点是自重较小，耐压能力高，型号、规格选择的余地较大。

2. 散热器安装

铸铁片式散热器要先进行组对试压后，才能进行安装。散热器组对时的操作有具体要求，在工作过程中要严格遵守。成品散热器在安装前应进行抽样试压，若有不合格者，应全部进行水压试验。

散热器的安装应根据设计图或设计指定的标准图进行，还必须将生产厂家的产品说明书中提供的技术资料与设计或标准图加以对照，看有无矛盾之处。关键问题是散热器的安装高度必须准确，以便使其接口与采暖立管上的支管接口相对应。在立管安装时，就必须根据工程所采用的散热器的接口间距，并考虑到支管安装时的坡度，来确定立管上支管接口的间距和高度。

散热器支管坡度应遵守以下规定：当支管长度大于0.5m时，其坡度值为10mm；当长度小于0.5m时，其坡度值为5mm；当立管两侧均接支管，且任一支管长度超过0.5m时，两侧支管的坡度值均为10mm。

当散热器支管长度大于1.5m时，应在中间设支架或托钩。

3.4 消防管道安装

常见的消防管道有：消火栓给水管道、自动喷水灭火管道、气体灭火管道（卤代烷 1211 灭火管道、卤代烷 1301

灭火管道和二氧化碳灭火管道)、泡沫灭火管道和干粉灭火管道。这里介绍应用最普遍的消火栓给水管道和自动喷水灭火管道。

3.4.1 消火栓给水管道系统

消火栓给水管道系统按设置场所的不同,可分为室内消火栓给水管道系统和室外消火栓给水管道系统两类。室内消火栓给水管道系统又分为一般建筑室内消火栓给水管道系统和高层建筑室内消火栓给水管道系统。所谓一般建筑是指9层及9层以下的住宅建筑、高度24m以下的其他民用建筑,以及高度不超过24m的单层厂房、库房和单层公共建筑;所谓高层建筑是指高度为10层及10层以上的住宅建筑和建筑高度为24m以上的其他民用和工业建筑。

1. 消火栓给水管道系统的组件类型

消火栓给水管道系统的组件多为专用产品,不同部件分别承担着特定的功能。

(1) 室内消火栓。室内消火栓的常用类型有直角单阀单口型(SN)、45°单阀单口型(SNA)、直角单阀双出口型(SNS),此外还有直角双阀双出口型,但应用较少。以上三种室内消火栓分别见图3－20～图3－22,其规格及主要尺寸见表3－12、表3－13。室内消火栓的公称压力均为PN1.6MPa。

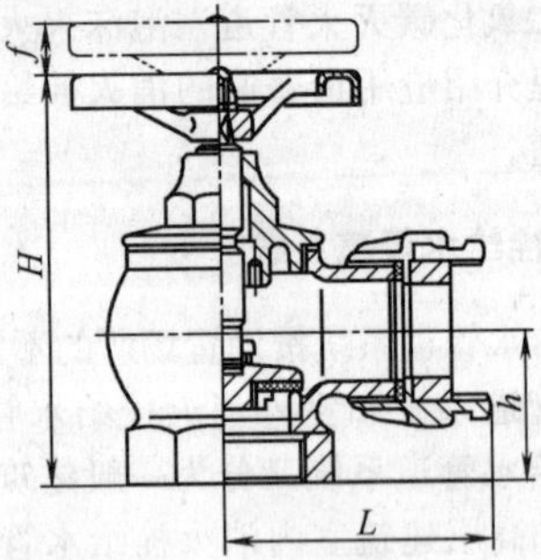

图 3—20　SN 型室内消火栓

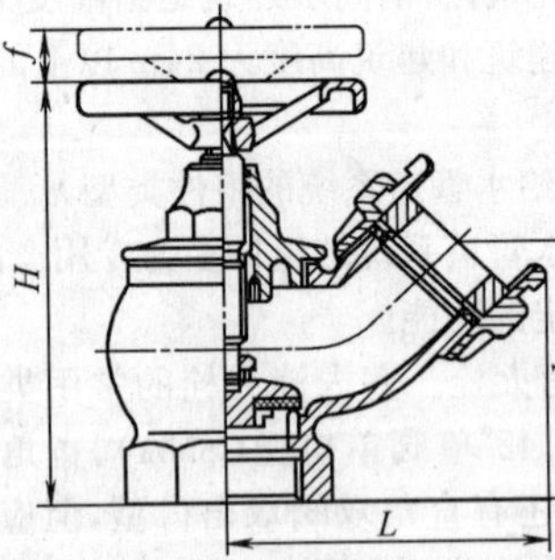

图 3—21　SNA 型室内消火栓

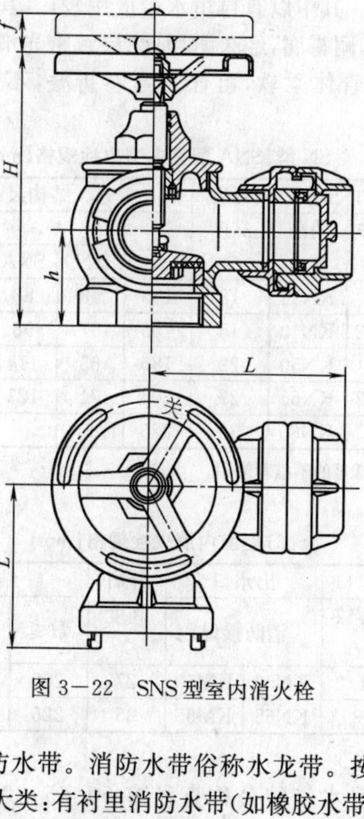

图 3—22　SNS 型室内消火栓

(2) 消防水带。消防水带俗称水龙带。按材料的不同可分为两大类:有衬里消防水带(如橡胶水带、乳胶水带和涂塑软管)和无衬里消防水带(如亚麻水带、苧麻水带和棉织水带)。其中以有衬里水带应用较广,其特点是耐高压,耐磨损,耐霉腐,经久耐用;涂层致密光滑,不渗漏,水流阻力小;管体柔软,可任意弯卷折叠,不受地形条件限制。

表 3—12　　SN 型、SNA 型室内消火栓规格(mm)

公称直径 DN	进水口管螺纹 (in)	出水口消防接口	开启高度 $f\geqslant$	结构尺寸				
				H $\leqslant$	*h*		*L*	
					SN	SNA	SN	SNA
25	G1	KN25	13	135	48	88	80	93
(40)	G11/2	KN40	15	155	57	98	98	119
50	G2	KN50	22	185	65	114	108	131
65	G21/2	KN65	27	205	71	123	118	150
80	G3	KN80	35	225	80		124	

注:表中带括号的不推荐使用。

表 3—13　　SNS 型室内消火栓规格(mm)

公称直径 DN	进水口管螺纹 (in)	出水口消防接口		开启高度 $f\geqslant$	结构尺寸		
					$H\leqslant$	*h*	*L*
50	G21/2	KN50	KM50	27	205	71	150
65	G3	KN65	KM65	35	225	75	157

有衬里水带的公称直径有 50、65、80、90(mm)四种,其相应的英寸规格为 2″、$2\frac{1}{2}$″、3″、$3\frac{1}{2}$″。前 2 种

规格的工作压力为1.3MPa,可用于室内或室外;后两种规格的工作压力为1.6MPa,仅用于室外和消防车使用。

(3) 消防水带接口。消防水带接口是消防水带的附件,由本体、密封圈座、橡胶密封圈等零件组成。密封圈上有沟槽,用来捆扎水带,本身上有两个扣爪和内滑槽,构成快速内扣内接口,其连接快速、省力、密封性好,用于水带与消火栓、水带与水枪、水带与消防车以及水带与水带之间的连接,以便输送水或泡沫混合液进行灭火。

水带接口的公称直径有 *DN*40、*DN*50、*DN*65、*DN*80等多种,使用时须与消火栓接口和消防水带直径匹配。

(4) 消防水枪。消防水枪是把消防水带里的水转化为消防用的高速水流,水流之所以能形成这种转换是因为水枪内部是一个向出口断面方向收敛的圆锥形通道,圆锥角一般为13°,出口处具有0.5～1.0倍喷嘴直径的圆柱形短通道,故能使水流高速喷出,并具有相当长度的密集水柱。室内消火栓箱配备的水枪一般为直流水枪,常用型号有QZ型和QZA型,见图3－23、图3－24。水枪的喷嘴直径有13mm、16mm和19mm三种。

(5) 消火栓箱。消火栓箱是将室内消火栓、消防水带、水枪及其相关电气设备集于一体,并安装在建筑物内的一定位置,具有报警、控制、给水、灭火功能的固定式消防装置。

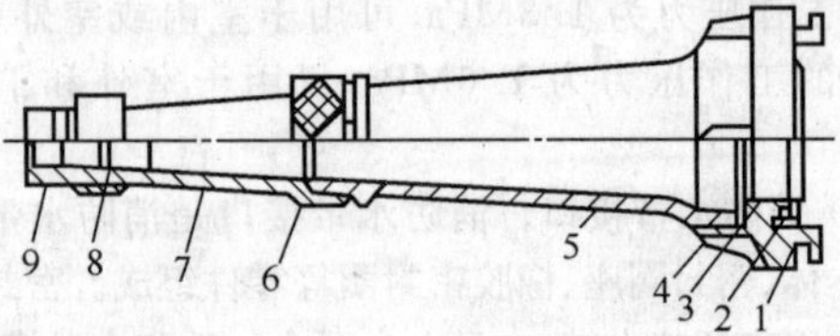

图 3—23　QZ 型直流水枪结构图

1—管牙接口;2—密封圈;3—密封圈座;4—平面垫圈;
5—枪体;6—密封圈;7—喷嘴;8—密封圈;9—13mm 喷嘴

图 3—24　QZA 型直流水枪

按不同的分类方法,消火栓可以分成不同的型式。按与建筑物墙体的安装方式可分为:明装式、暗装式和半明装式;按箱门型式可分为:单开门式、双开门式和前后开门式;按箱体材料可分为:全钢式、钢框镶玻璃型、铝框镶玻璃型和其他材料型;按消防水带的安装方式可分为:挂置式(见图 3—25)、盘卷式(见图 3—26)、卷置式(见图 3—27)和托架式(见图 3—28)。

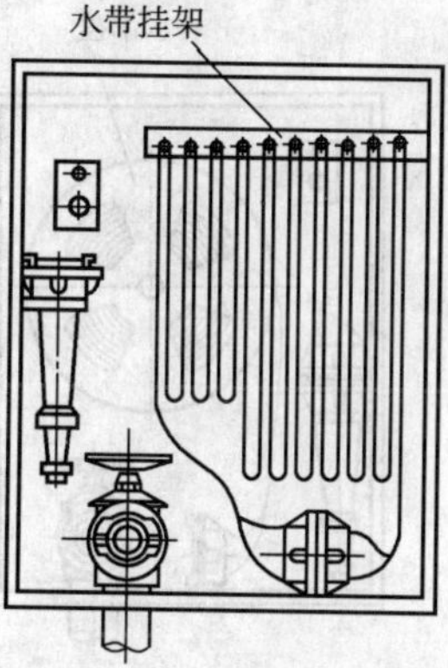

图 3—25　挂置式栓箱

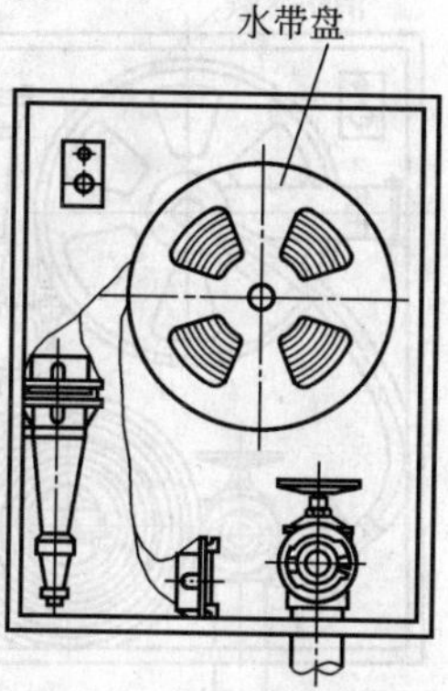

图 3—26　盘卷式栓箱

消火栓箱的型号表示方法较为繁琐，主要由“基本型号”和“型号代号”两部分组成，具体规定如下：

基本型号　　型号代号

SG ×× × ×× ×—× ×

- 箱门型号代号
- 水带安装方式代号
- 配置自救式消防水喉代号
- 配置室内消火栓公称直径(mm)
- 箱体长、短边尺寸代号
- 箱体厚度尺寸(cm)
- 消火栓箱代号

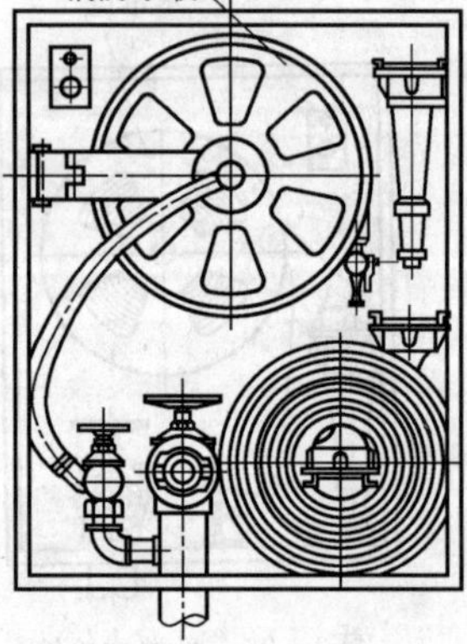

图 3－27　卷置式栓箱
（配置消防水喉）

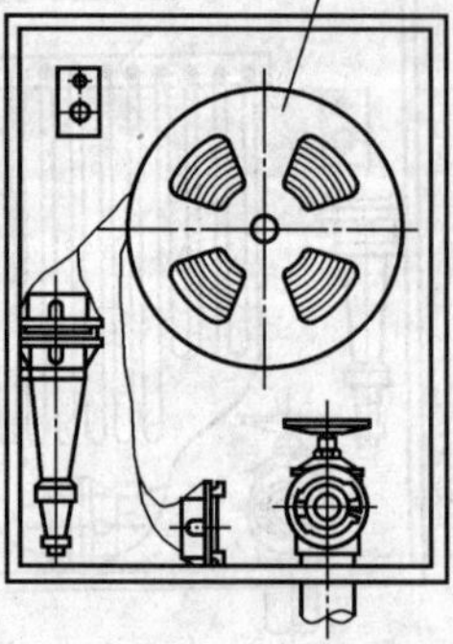

图 3－28　托架式栓箱

（6）室内消火栓处减压孔板。室内消火栓处减压孔板的作用，是对实际使用时压力超过规定压力值的室内消火栓进行流动水减压，以保证灭火时水枪的反作用力不致过大，同时消防水箱内的贮水也不致过快用完。减压孔板的材质为不锈钢或铜，减压孔板与管道中使用的减压孔板相似，见图 3－29，其外径 D 带有管螺纹可与安装孔板的阀件、管件或专用接头相连接，内径 d 是根据需要减小的压力由设计计算提供。

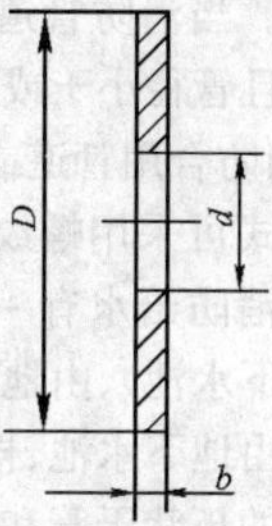

图 3－29　d/D 型孔板

应当说明，上述减压孔板只有当工程设计有要求时才安装。

(7) 室外消火栓。室外消火栓安装在居住小区、厂区或建筑物的室外管道上，其作用是通过消防车向火场供水，或通过消防水带直接向火场供水。室外消火栓有地上式和地下式两种。

(8) 消防水泵接合器。消防水泵接合器是为建筑物配套的自备消防设施，用以连接消防车、机动泵向建筑物的消防给水管网输送消防用水，根据其接口的位置，可分为地上式消防水泵接合器(SQ)、地下式消防水泵接合器(SQX)和墙壁式消防水泵接合器(SQB)。

2. 消火栓给水管道系统施工

(1) 室内消火栓给水管道施工。室内消防给水管道的组成部分包括进户管、主立管、环状干管、立管以及与消火栓、设备连接的支管。当消防管道与生活管道合用时，管材应采用镀锌钢管，且管径小于或等于100mm时，应采用螺纹连接。生产与消防合用管道或专用消防管道，可以采用焊接钢管，连接方式可采用螺纹、法兰或焊接。在高层建筑中，生活给水和消防给水有一部分是合用的，如进户管(由市政管网到地下水池)、由地下水池至楼房中部和顶部水箱的输水管；而由地下水池、楼房中部和顶部水箱，再引出生活、消防专用的环状干管和立管。

1）室内消火栓箱安装。室内消火栓箱安装包括消火栓、消防水带及接口、水枪等组件的安装。

建筑物的各层均应设消火栓，并宜设在楼梯间、门厅、走廊等显眼、易取用的地点。一般建筑物中，消火栓的布置应能保证有两只水枪的充实水柱同时达到室内任何部位，消火栓的间距由计算确定，一般不应超过50m，其充实水柱长度一般不应小于7m；高层建筑中，消火栓的间距不应大于30m，裙房部分不应大于50m，充实水柱的高度应为10m(当建筑高度不超过100m时)或13m(当建筑高度超过100m时)。

室内消火栓口中心离地面的高度为1.10m，消火栓口处的静水压力不应大于0.80MPa，若超过时应采取分区供水系统。消火栓口的出水压力超过0.50MPa时，栓口处应设减压孔板。

同一座建筑物中，应采用同一规格的消火栓、水带和水枪(其中:高层建筑中消火栓直径应为 *DN*65,水枪直径为 19mm),水带长度不应超过 25m。消火栓箱安装操作时,必须取下箱内的消防水带、水枪等组件。箱体在墙体预留位置处就位时应端正,不允许用钢钎撬、锤子敲等强制方法使箱体就位。

消火栓的安装大体上有以下几种方式:①明装于砖墙上;②明装于混凝土墙、柱上;③暗装于砖墙上;④半明装于砖墙上。以上几种安装方式均有相应的标准图可供参照,工程设计中会指定采用的标准图号。

2) 消防水池和消防水箱。消防水池、水箱通常与生活用水的水池、水箱合并设置,即水池、水箱的容积既考虑到消防的需要又考虑到生活的需要。通常的做法是当生活用水使水池或水箱内的水面下降到一定位置时,生活用水便会中止,水池或水箱中的余存水量便是设计规定的消防用水贮量。

消防水池多设于地下或地下室内,采用钢筋混凝土建筑,管道穿越池顶或池壁要加防水套管,与水泵连接的管道要加柔性防水套管。水池的溢流管、泄水管不得与排水管道直接相连,以防污染水质。

消防水池中的水通过水泵输送到楼层中的消防水箱中,以实现消防管道按压力分区供水。消防水箱可采用钢筋混凝土结构,也可用钢板水箱或玻璃钢水箱。水箱之间的主要通道不应小于 1.0m,四周应留有 0.7~0.8m 的检修空间，顶部距梁或楼板的净距不应小于 0.6m。水箱有关管道的安装要求与水池基本相同。

3）消防水泵接合器安装。消防水泵接合器的型式前面已经介绍过了，通常采用的地上消防水泵接合器，安装要求见图 3－30。

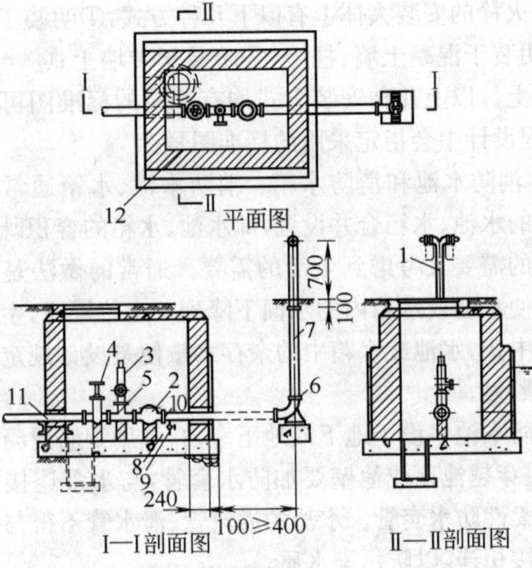

图 3－30　地上消防水泵接合器安装图

1－消防接口本体；2－止回阀；3－安全阀；4－闸阀；
5－三通；6－90°弯头；7－法兰接管；8－截止阀；
9－镀锌钢管；10－法兰直管；11－法兰直管；12－阀井

另外还有地下消防水泵接合器和墙壁消防水泵接合器,可在合适的条件下选用。各种消防水泵接合器安装,由设计选定标准图号。无论哪一种水泵接合器,应急时使用的只是消防接口本体,每一种消防水泵接合器的前面都有一个阀门井,井内的消防管道上装设闸阀、安全阀和止回阀,以确保消防接口本体的正常使用和维修。用于采暖室外计算温度低于－20℃的地上及地下消防水泵接合器,需做保温井口或采取其他保温措施。具体保温措施由工程设计选定。

4）消防水泵和稳压泵安装。消防水泵是指当发生火警时,消防给水管道系统中启动的水泵,以便向管网供水、加压,保证灭火的水量和水压要求;稳压泵是当消防给水管道系统处于正常备用状态时,为防止个别地方的渗水、漏水而使管道系统的压力降低至正常备用压力以下,而设置的流量较小,扬程较高,足以维持管网压力的水泵。稳压泵多用于自动喷水灭火系统,当管网压力可以采其他方式保持恒定时,也可以不设稳压泵。

5）水压试验。室内消火栓给水管道的设计工作压力等于或小于1.0MPa时,水压强度试验压力应为设计工作压力的1.5倍,且不应低于1.4MPa;设计工作压力大于1.0MPa时,水压强度试验压力为工作压力加0.4.MPa。

（2）室外消火栓给水管道施工。室外消火栓给水管道一般都围绕着建筑物敷设，通常使用给水铸铁管或钢管。

前面已经介绍过，室外消火栓分为地上消火栓（SS）和地下消火栓（SX）。根据使用地区的冰冻深度，室外消火栓的安装方式分为浅型和深型。采用浅型安装的地上消火栓，当地的冰冻深度应不大于20cm，若为地下消火栓，冰冻深度应不大于40cm；采用深型安装的地上消火栓，当地的冰冻深度可大于20cm，若为地下消火栓，冰冻深度可大于40cm。以上几种安装方式应遵照相应的标准图号进行施工，工程设计中会指定室外消火栓应采用的标准图号。

3.4.2 自动喷水灭火系统

由于自然环境、建筑物条件和保护对象的不同，自动喷水灭火管道系统有不同的类型，如湿式喷水灭火系统、干式喷水灭火系统、水喷雾灭火系统、预作用喷水灭火系统、雨淋喷水灭火系统、水幕管道系统等。我们这里介绍的就是应用最广泛的湿式自动喷水灭火系统，即通常所称的自动喷水灭火系统，有时还简称为“自消”或“自喷”。

湿式自动喷水灭火系统适用于环境温度不低于4℃、且不高于70℃、能用水灭火的建筑物中，具有控制火势和灭火迅速的特点，其系统组成见图3－31及表3－14。

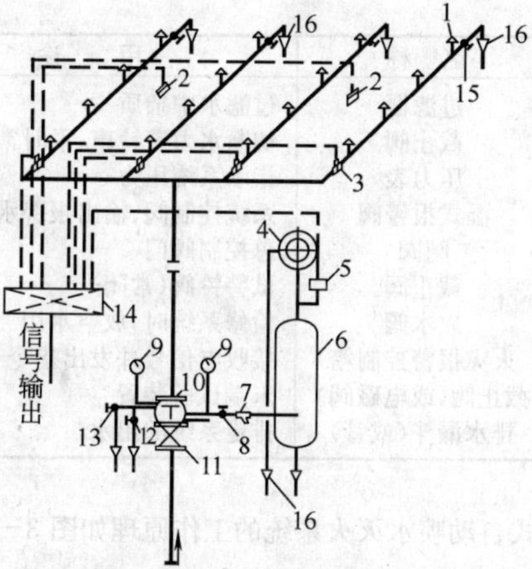

图 3—31　湿式喷水灭火系统示意

图注:见表 3—14

表 3—14　湿式喷水灭火系统主要部件及其用途

编号	名　称	用　　途
1	闭式喷头	感知火灾、出水灭火
2	火灾探测器	感知火灾、自动报警
3	水流指示器	输出电信号、指示火灾区域
4	水力警铃	发出音响报警信号
5	压力开关	自动报警或自动控制
6	延迟器	克服水压波动引起的误报警

续表

编号	名　称	用　途
7	过滤器	过滤水中杂质
8	截止阀	切断水力警铃声、平时常开
9	压力表	指示系统压力
10	湿式报警阀	系统控制阀、输出报警水流
11	闸阀	总控制阀门
12	截止阀	试警铃阀(常闭)
13	放水阀	检修系统时,放空水用
14	火灾报警控制箱	接收电信号并发出指令
15	截止阀(或电磁阀)	末端试验装置
16	排水漏斗(或管)	排走系统的出水

湿式自动喷水灭火系统的工作原理如图 3—32 所示。

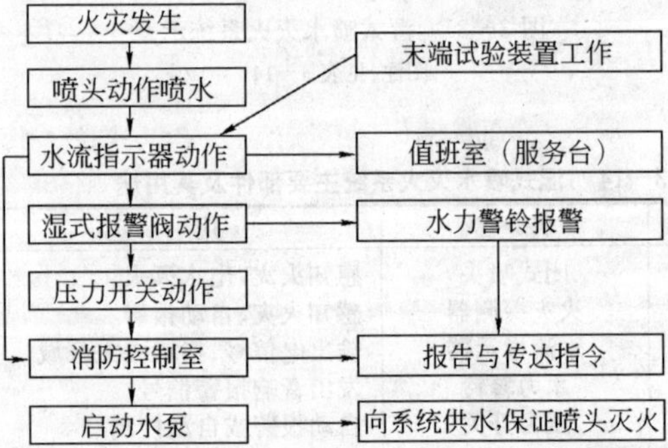

图 3—32　湿式自动喷水灭火系统工作原理

1. 自动喷水灭火管道系统组件

(1) 湿式报警阀。湿式报警阀用于湿式自动喷水灭火管道系统，主要功能是当喷头开启喷水而使管道中的水流动时，其主阀瓣便自动打开，向管网供水，并使水流进入水力警铃，发出报警信号。湿式报警阀的型式有三种：导阀型湿式阀、座圈式湿式阀和蝶阀型湿式阀。

较常用的导阀型湿式阀的结构见图 3－33。此种湿式阀带有一个与主阀瓣联动的弹簧承载式导阀，控制通往水力警铃的通道，当水源压力波动时，即使主阀瓣轻微开启，导阀由于弹簧的作用仍可保持关闭，可防止出现误报警。

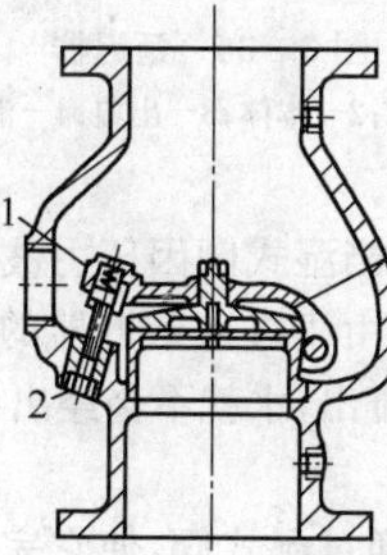

图 3－33　导阀型湿式阀

1－导阀；2－水力警铃接口；3－主阀瓣

(2) 延迟器。延迟器是一个带有管道接口的中空容器，见图3－34。其作用是通过缓冲和延时，消除因水源压力波动而引起的水力警铃误报警。

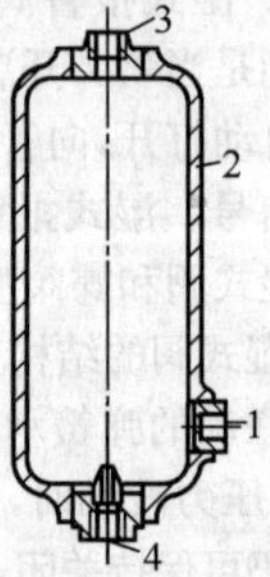

图 3－34　延迟器

1－进口;2－本体;3－出口;4－泄水孔

其动作过程是:当湿式阀因压力波动瞬间开启时,水流首先进入延迟器,由于进入延迟器的水很少,会很快经其下部的泄水孔 4 排出,水就不会经出口 3 进入水力警铃而形成误报警。

只有当水连续通过湿式阀,使它完全开启时,水才能很快充满延迟器,并经顶部出口 3 流向水力警铃,发出报警。延迟器只用于湿式系统,容积一般为 6～10L,延迟时间为 20～30s。延迟器的结构类型有多种。

(3) 压力开关和水流指示器。压力开关和水流指示器用于监测自动喷水灭火系统的工作状态,并将信号传递到火灾报警控制箱。

压力开关安装在延迟器至水力警铃之间的管道上,可将水流产生的压力信号转换为电信号。

水流指示器也是将水流动的信号转换为电信号,一般安装在系统各分区的配水干管上,输出的电信号传递到报警控制箱或控制中心,便可以显示喷头喷水的区域,也可以与电动报警器或消防水泵联动。应用较多的是叶片式水流指示器,可以安装在 $DN25 \sim DN200$ 的水平管道上。

(4) 水力警铃。水力警铃是利用水流的冲击力发出声响来进行报警的一种装置,其使用历史很长,具有稳定可靠的优点,即使在管道系统中已经使用压力开关和水流指示器电动报警的情况下,水力警铃仍有其不可替代的实用价值。

(5) 喷头。喷头在湿式自动喷水灭火系统中担负着感知火灾、喷水灭火和启动系统的作用,是系统中的关键组件。

1) 喷头的类型:

湿式自动喷水灭火系统使用闭式喷头,闭式喷头主要分为玻璃球洒水喷头和易熔元件洒水喷头。

① 玻璃球洒水喷头(见图 3—35)释放机构中的感温元件是内装彩色液体的玻璃球,它支撑在喷口和轭臂之间,使喷头保持密封,当周围的温度升高到其公称动作温度时,玻璃球因内部液体膨胀而炸碎,使喷口开启喷水灭

火。这种喷头具有良好的抗腐蚀性，体积小，外形美观，对各种建筑物尤其是公共建筑物更为适合。

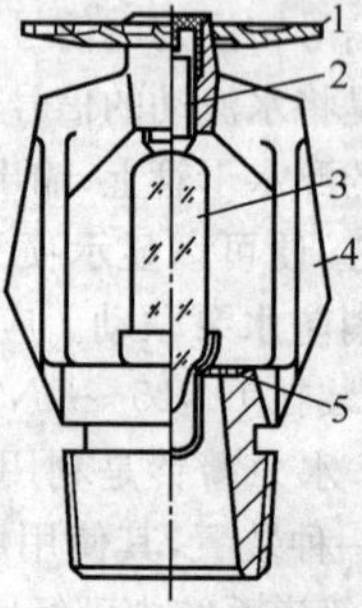

图 3－35　玻璃球洒水喷头

1－溅水盘；2－调整螺钉；3－玻璃球；4－轭臂；5－密封垫

玻璃球洒水喷头的公称动作温度分为 13 档，用玻璃球内液体的不同颜色进行区分，见表 3－15。喷头的公称动作温度由设计按使用地点的最高环境温度再加 30℃的原则确定。

② 易熔元件洒水喷头是使用历史最长的一种喷头，其释放机构中的感温元件由易熔金属或其他易熔材料制成，但当前大多数仍是易熔金属元件。易熔元件洒水喷头的公称动作温度分为 7 档，在喷头轭臂上用不同颜色标示出来，见表 3－16。

表 3—15　　**玻璃球洒水喷头温标颜色**

公称动作温度(℃)	57	68	79	93	100	121	141	163	182	204	227	260	343
颜色	橙	红	黄	绿	灰	天蓝	蓝	淡紫	紫红	黑	黑	黑	黑

表 3—16　　**易熔元件喷头温标颜色**

公称动作温度(℃)	57～77	80～107	121～149	163～191	201～246	260～302	320～343
颜色	本色	白	蓝	红	绿	橙	黑

易熔元件喷头释放机构的形式主要有 3 种：

a. 悬臂支撑型：突出的优点是感温元件置于轭臂之外，可以直接感知上升热气流，喷头感温快；

b. 锁片支撑型：其释放机构由三个锁片和易熔金属组成，密封部分采用金属弹性薄片，喷头体内水的压力越大，其密封性越好；

c. 弹性锁片型：其释放机构由支撑片、弹性片和易熔金属组成(见图 3—36)，是当前使用较多的类型。

2) 喷头的安装形式：玻璃球喷头和易熔元件喷头都有直立型、下垂型和边墙型三种安装形式，三种形式的区别仅在于溅水盘形状和位置的不同，因而形成洒水形状和洒水分布的不同，其他件能都是相同的，见图 3－37～图3－39。

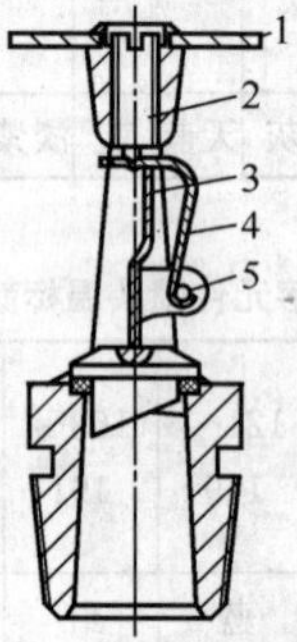

图 3－36　弹性锁片型易熔元件洒水喷头

1—溅水盘；2—调整螺钉；3—支撑片；4—弹性片；5—易熔金属

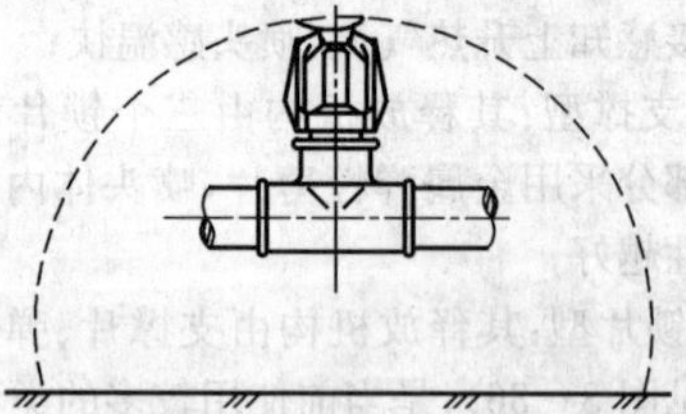

图 3－37　直立型洒水喷头

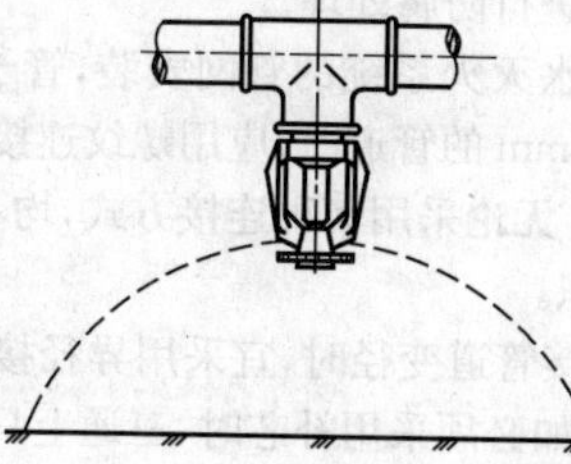

图 3—38　下垂型洒水喷头

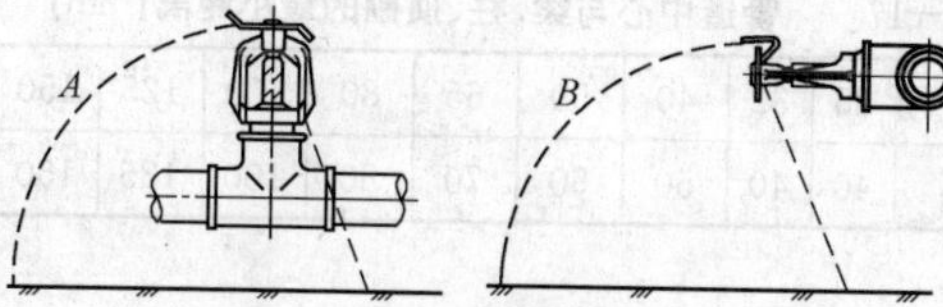

图 3—39　边墙型洒水喷头

A—立式边墙型洒水喷头；*B*—水平式边墙型洒水喷头

2. 自动喷水灭火管道安装

(1) 管网安装。自动喷水灭火管网的安装应符合以下要求：

1) 管网安装前应校直管子，清除其内外的杂物，安装中应随时注意清除已安装管道内部杂物。

2) 在具有腐蚀性的场所安装管网前，应按设计要求对管子、管件等进行防腐处理。

3）自动喷水灭火系统的管网安装，管子公称直径为小于或等于100mm的管道时，应用螺纹连接；其他可用焊接或法兰连接。无论采用何种连接方式，均不得减小管道的通水横断面积。

4）螺纹连接管道变径时，宜采用异径接头，在弯头处不得采用补芯，如必须采用补芯时，三通上只能用一个。

5）管道安装位置应符合设计要求，管道中心与梁、柱、顶棚等的最小距离应符合表3—17的规定。

表3—17　**管道中心与梁、柱、顶棚的最小距离(mm)**

公称直径	25	32	40	50	65	80	100	125	150	200
距离	40	40	50	60	70	80	100	125	150	200

6）水平管道的支架、吊架安装应符合下列要求：

① 管道固定应牢固，管道支架或吊架的间距应不大于表3—18的要求；若管道穿梁安装时，穿梁处可作为一个吊架考虑；

表3—18　**管道支架或吊架的间距**

公称直径(mm)	25	32	40	50	75	80	100	125	150	200	250	300
距离(m)	3.5	4	4.5	5	6	6	6.5	7	8	9.5	11	12

② 相邻两喷头之间的管段上至少应设支(吊)架一个，当喷头间距小于1.8m时，可隔段设置，但支(吊)架的间距不应大于3.6m；

③ 沿屋面坡度布置的配水支管，当坡度大于1∶3时，应采取防滑措施(加点焊箍套)，以防短立管与配水管受扭折推力。

7) 为了防止喷水时管道沿管线方向晃动，故在下列部应设防晃支架：

① 配水管一般在中点设一个(管径在50mm及以下时可不设)；

② 配水干管及配水管、配水支管的长度超过15m(包括管径为50mm的配水管及配水支管)，每15m长度内最少设一个(管径≤40mm的管段可不算在内)；

③ 管径≥50mm的管道拐弯处(包括三通及四通位置)应设一个；

④ 竖直安装的配水干管应在其始端、终端设防晃支架，或用管卡固定，其安装位置距地面或楼面1.5～1.8m；配水干管穿越多层建筑，应隔层设一个防晃支架。

8) 防晃支架的制作，见图3－40。

9) 防晃支架的强度，应能承受管道、配件及管内水的重量和50％的水平方向的推动力而不致损坏或产生永久变形；当管子穿梁安装时，若管道再用铁圈紧固于混凝土结构上，则可作为一个防晃支架处理。

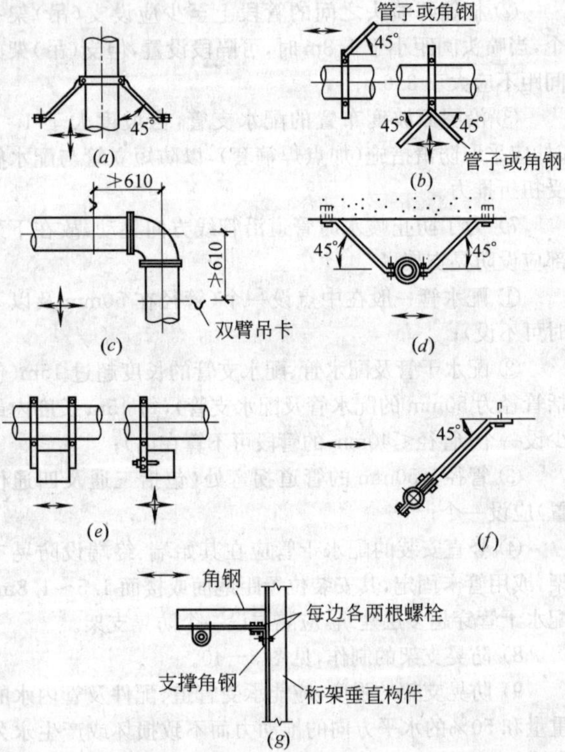

图 3－40　防晃支架制作参考图

10）管道穿过建筑物的变形缝，应设置柔性短管；穿墙或楼板时应加套管，套管长度不得小于墙厚，或应高出楼面或地面 50mm，焊接环缝不得置于套管内。套管与管道之间的间隙应用不燃材料填塞。

11）系统的管道宜有 2‰～5‰的坡度，且坡向排水管；当局部区域难以利用排水管将水排净时，应采取相应的排水措施；当喷头数少于 5 只时，可在管道低凹处装设堵头，多于 5 只喷头时宜装设带阀门的排水管。

12）管网的地上管道应作红色或红色环圈色标。

（2）喷头安装。喷头安装应符合下列要求：

1）喷头安装应在系统管网试压，冲洗合格后进行；

2）安装喷头用的弯头、三通等宜采用专用管件；

3）安装喷头，不得对喷头进行拆装、改动，并严禁给喷头附加任何装饰性涂层；

4）喷头的安装应使用专用扳手，严禁利用喷头的框架拧紧喷头，喷头的框架、溅水盘变形或释放原件损伤时应更换喷头，且应与原喷头规格、型号相同；

5）当喷头的公称口径小于 10mm 时，应在配水干管或配水管上安装过滤器；

6）安装在易受机械损伤处的喷头，应加设喷头防护罩；

7）当喷头溅水盘高于附近梁底或通风管道等顶板底部突出物腹面时，喷头安装位置应符合表 3－19 的规定；

表 3－19　　**喷头与梁、通风管道等顶板底部突出物的距离(mm)**

喷头与梁、通风管道等顶板底部突出物的水平距离	喷头溅水盘高于梁底、通风管道等顶板底部突出物腹面的最大距离
305～610	25
610～760	51
760～915	76
915～1070	102
1070～1220	152
1220～1370	178
1370～1530	229
1350～1680	280
1680～1830	356

8）喷头与大功率灯泡或出风口的距离不得小于0.8m；

9）当喷头安装于不到顶的隔墙附近时，喷头距隔墙的安装距离应符合表 3－20 的规定；

表 3－20　　**喷头的水平和垂直距离(mm)**

水平距离	150	225	300	375	450	600	750	≥900
最小垂直距离	75	100	150	200	236	318	388	450

(3) 报警阀组安装。报警阀组的安装应符合下列要求：

1）报警阀组的安装应先安装水源控制阀、报警阀，再进行报警阀辅助管道的连接。水源控制阀、报警阀与配水干管的连接，应保证水流方向一致。报警阀应安装在明显且便于操作的地点，距地面高度宜为 1.2m，应确保两侧距墙不小于 0.5m，正面距墙不小于 1.2m，安装报警阀的室内地面应有排水设施；

2）报警阀附件的安装应符合下列要求：

① 压力表应安装在报警阀上便于观测的位置；

② 排水管和试验阀应安装在便于操作的位置；

③ 水源控制阀应便于操作，且应有明显开闭标志和可靠的锁定设施。

3）湿式报警阀组的安装应符合下列要求：

① 应确保报警阀前后的管道中能顺利充满水；压力波动时，水力警铃不发生误报警；

② 报警水流通路上的过滤器应安装在延迟器前，且便于排渣操作的位置。

(4) 其他组件安装。其他组件的安装应符合下列要求：

1）水力警铃应安装在公共通道或值班室附近外墙上，且应安装检修，测试用阀门和公称直径为 20mm 的过滤器。警铃的报警阀的连接应采用镀锌钢管，当公称直径为 15mm 时，其长度不应大于 6m，当公称直径为 20mm 时，其长度不应大于 20m，水力警铃安装应确保其启动压力不小于 0.05MPa；

2）水流指示器的安装应符合下列要求：

① 在管道试压冲洗合格后，方可安装，其规格必须与管径相匹配；在设有信号阀门时，应装在该阀之后的管道上；

② 水流指示器应竖直安装于水平管道上侧，其动作方向应和水流方向一致；安装后水流指示器的桨片、膜片应动作灵活，不得与管壁发生碰擦。

3）信号阀应靠近水流指示器安装，与水流指示器间距不小于 300mm；

4）排气阀应在系统管网试压、冲洗合格后安装于配水干管顶部、配水管的末端，且应确保不得渗漏；

5）控制阀的规格、安装部位应符合设计图纸要求；安装方向正确，阀内清洁无堵塞、无渗漏；系统中的主要控制阀必须安装启闭标志，隐蔽处的控制阀应有指示其位置的标志；

6）节流装置和减压孔板安装应符合下列规定：

① 安装在公称直径不小于 50mm 的水平管段上；

② 减压孔板安装在管道内水流转弯处下游一侧的直管上，与弯管的距离不小于设置管段公称直径的两倍。

7）压力开关宜竖直安装在通往水力警铃的管道上，且不应在安装中拆动；

8）末端试水装置安装在分区管网末端或系统管网末端。

3. 管道系统试压和冲洗

（1）一般规定。系统试压和冲洗的一般规定如下：

1）自动喷水灭火系统管网安装完毕后，应对其进行强度试验、严密性试验和冲洗；

2）管网的强度试验、严密性试验宜用水进行，但对干式喷水灭火系统、预作用喷水灭火系统必须既作水压试验，又作气压试验；在冰冻季节，如进行水压试验有困难时，可用气压试验代替；

3）试压前，应对不能参与试压的设备、仪表、阀门及附件加以隔离或拆除；加设的盲板应具有突出于法兰的边耳，且作有明显标志，并记录下盲板数量；

4）试压过程中，如遇泄漏，不得带压修理，应放空管网，消除缺陷后重新再试；

5）试压完成后，应及时无遗漏地拆除所有临时盲板及管道，并与记录核对无误，且应填写《自动喷水灭火系统试压记录表》；

6）自动喷水灭火系统管网经试压合格后，应分段进行冲洗；冲洗顺序是：先室外、后室内，先地下、后地上；室内部分应按配水干管、配水支管的顺序进行；

7）管网冲洗宜采用水进行；冲洗前，应对系统的仪表采取保护措施，并将止回阀和报警阀等拆下，冲洗工作结束后应及时复位；

8）冲洗前，应对管网支架、吊架进行检查，必要时应采取加固措施；

9）对不能经受冲洗的设备和冲洗后可能存留脏物、杂物的管段，应采用其他方法进行清理；

10）冲洗大直径管道时，应对其焊缝、死角和底部重点敲打，但不得损伤管道；

11）管网冲洗合格后，应填写《自动喷水灭火系统管网吹（冲）洗（脱脂）试验记录表》；除规定的检查及恢复工作外，不得再进行影响管内清洁的其他作业；

12）水压试验和水冲洗宜用生活用水进行，不得使用海水或有腐蚀性化学物质的水。

（2）水压试验。水压试验应符合下列要求：

1）水压试验宜在环境温度5℃以上进行，当环境温度低于5℃时，水压试验应有防冻措施；

2）自动喷水灭火系统设计工作压力等于或小于1.0MPa时，水压强度试验压力应为设计工作压力的1.5倍，但不应低于1.4MPa；大于1.0MPa时，应为该工作压力加0.4MPa；

3）水压强度试验的测试点应设在系统管网最低点，对管网注水时，应将空气排净，然后缓慢升压，达到试验压力后，稳压30min，目测无泄漏、无变形，压降应不大于0.05MPa；

4）自动喷水灭火系统水压严密性试验应在水压强度试验和水冲洗合格后进行，试验压力为设计工作压力，稳压24h，以无泄漏为合格；

5）自动喷水灭火系统的水源干管，进户管和室内地下管道应在回填隐蔽前，单独地或与系统一起进行强度试验和严密性试验。

（3）气压试验。气压试验应符合下列要求：

1）气压试验的介质宜采用空气或氮气；

2）气压严密性试验压力为0.28MPa，稳压24h，压力降应不大于0.01MPa。

（4）水冲洗。水冲洗应符合下列要求：

1）对自动喷水灭火系统管网进行水冲洗的排放管道，应接入可靠的排水系统，并应保证排放的畅通和安全，排放管道和截面不得小于被冲洗管道截面的60%；

2）水冲洗的水流速度不宜小于3m/s，其流量不宜小于表3—21的规定。

表3—21　　水冲洗流量

管道公称直径（mm）	300	250	200	150	125	100	80	65	50	40
冲洗流量（L/s）	220	154	98	56	38	25	15	10	6	4

注：当现场无法提供上表内的冲洗流量时，应以设计流量进行冲洗，或用水压气动冲洗法进行冲洗。

3）在自动喷水灭火系统管网的地上部分未与地下部分连接前，应在配水干管底部加设堵头，然后对地下管网进行冲洗；

4）水冲洗应连续进行，以出口处的水色、透明度与入口处基本一致为合格；

5）水冲洗的水流方向应与灭火时自动喷水灭火系统管网的水流方向一致；

6）管网冲洗合格后，应将存水排除干净，需要时可用压缩空气将管内壁吹干或采取其他保护措施。

3.5 塑料（复合）管道安装

3.5.1 无规共聚聚丙烯（PP－R管）管道安装

1.一般规定

（1）管道在安装施工前，应具备下列条件：

1）施工图纸及其他技术文件齐全，且已进行图纸技术交底，满足施工要求；

2）已有施工方案，材料、机具供应等能保证正常施工；

3）施工人员应经过建筑给水聚丙烯管道安装的技术培训。

（2）提供的管材和管件应符合设计规定，并附有产品说明书和质量合格证书。

（3）不得使用有损坏迹象的材料，如发现管道质量有异常,应在使用前进行技术鉴定或复检。

(4)管道系统安装过程中的开口处应及时封堵。

(5)施工安装时应复核冷、热水管压力等级和使用场合。管道标记应面向外侧,处于显眼位置。

2. 管道敷设安装要点

(1)管道嵌墙暗敷时,宜配合土建预留凹槽,其尺寸设计无规定时,嵌墙暗管墙槽尺寸的深度为 d_n +20mm,宽度为 d_n +40~60mm。凹槽表面必须平整,不得有尖角等突出物,管道试压合格后,墙槽用 M7.5 级水泥砂浆填补密实。

(2)管道暗敷在地坪面层内,应按设计图纸位置进行。如现场施工有更改,应有图示记录。

(3)管道安装时,不得有轴向扭曲,穿墙或楼板时,不宜强制校正。给水管与其他金属管道平行敷设时应有一定的保护距离,净距离不宜小于 100mm,且宜在金属管道的内侧。

(4)室内明装管道,宜在土建装修完毕后进行,安装前应配合土建正确预留孔洞或预埋套管。

(5)管道穿越楼板时,应设置钢套管,套管高出地面 50mm,并有防水措施。管道穿越屋面时,应采取严格的防水措施,穿越前端应设固定支架。

(6)热水管道穿墙壁时,应配合土建设置钢套管,冷水管穿墙时,可预留洞,洞口尺寸较外径大 50mm。

(7)直埋在地坪面层以及墙体内的管道，应在隐蔽前做好试压和隐蔽工程的检查记录工作；

1)室内地坪±0.00以下管道铺设宜分两阶段进行：先进行地坪±0.00以下至基础墙外壁段的铺设；待土建施工结束后，再进行户外连接管的铺设；

2)室内地坪以下管道铺设应在土建工程回填土夯实以后，重新开挖进行，严禁在回填土之前或未经夯实的土层中铺设；

3)铺设管道的沟底应平整，不得有突出的尖硬物体；土的颗粒径不宜大于12mm，必要时可铺100mm厚的砂垫层；

4)埋地管道回填时，管周回填土不得夹杂尖硬物直接与管壁接触，应先用砂土或颗粒径不大于12mm的土回填至管顶上侧300mm处，经夯实后方可回填原土，室内埋地管道的埋置深度不宜小于300mm；

5)管道出地坪处应设置护管，其高度应高出地坪100mm；

6)管道在穿基础墙时，应设置金属套管，套管与基础墙预留孔上方的净空高度，若设计无规定时，不应小于100mm；

7)管道在穿越街坊道路、覆土厚度小于700mm时，应采取严格的保护措施。

3. 管道连接要点

(1)同种材质的给水管及管配件之间，应采用热熔连接，安装应使用专用热熔工具。暗敷墙体、地坪面层内的管道不得采用丝扣或法兰连接。

(2)给水聚丙烯管与金属管件连接，应采用带金属嵌件的聚丙烯管件作为过渡，该管件与塑料管采用热熔连接，与金属配件或卫生洁具五金配件采用丝扣连接。

(3)热熔连接应按下列步骤进行：

1)接通热熔工具电源，到达工作温度，指示灯亮后方能开始操作；

2)切割管材，必须使端面垂直于管轴线；管材切割一般使用管子剪或管道切割机，必要时可使用锋利的钢锯，但切割后管材断面应去除毛边和毛刺；

3)与管件连接端面必须清洁、干燥、无油；

4)用卡尺和合适的笔在管端测量并标绘出热熔深度，热熔深度应符合表 3－22 要求；

5)接弯头或三通时，按设计图纸要求，应注意其方向，在管件和管材的直线方向上，用辅助标志标出其位置；

6)连接时，无旋转地把管端导入加热套内，插入到所标志的深度，同时，无旋转地把管件推到加热头上，达到规定标志处。加热时间，必须满足表 3－22 的规定；

7)到加热时间后，立即把管材与管件从加热套与加热头上同时取下，迅速无旋转地直线均匀插入到所标深度，使接头处形成均匀凸缘；

表 3—22　　热熔连接技术要求

公称外径 (mm)	热熔深度 (mm)	加热时间 (s)	加工时间 (s)	冷却时间 (min)
20	14	5	4	3
25	16	7	4	3
32	20	8	4	4
40	21	12	6	4
50	22.5	18	6	5
63	24	24	6	6
75	26	30	10	8
90	32	40	10	8
110	38.5	50	15	10

注：若环境温度小于 5℃，加热时间应延长 50%。

8)在表 3—22 规定的加工时间内，刚熔接好的接头还可校正，但严禁旋转。

(4)当管道采用电熔连接时，应符合下列规定：

1)应保持电熔管件与管材的熔合部位不受潮；

2)电熔承插连接管材的连接端应切割垂直，并应用洁净棉布擦净管材和管件连接面上的污物，并标出插入深度，刮除其表皮；

3)校直两对应的连接件,使其处于同一轴线上;

4)电熔连接机具与电熔管件的导线连通应正确;连接前,应检查通电加热的电压,加热时间应符合电熔连接机具与电熔管件生产厂家的有关规定;

5)熔合及冷却过程中,不得移动、转动电熔管件和熔合的管道,不得在连接件上施加任何压力;

6)电熔连接的标准加热时间应由生产厂家提供,并应随环境温度的不同而加以调整。

电熔连接的加热时间与环境温度的关系应符合表3—23的规定。若电熔机具有温度自动补偿功能,则不需调整加热时间。

表3—23 电熔连接加热时间与环境温度的关系

环境温度(℃)	修正值	加热时间(s)	环境温度(℃)	修正值	加热时间(s)
—10	$T+12\%T$	112	+30	$T-4\%T$	96
0	$T+8\%T$	108	+40	$T-8\%T$	92
+10	$T+4\%T$	104	+50	$T-12\%T$	88
+20	标准加热时间 T	100			

(5) 当管道采用法兰连接时,应符合下列规定:

1) 法兰盘套在管道上;

2) PP—R 管过渡接头与管道热熔连接步骤应符合规定要求；

3) 校直两对应的连接件，使连接的两片法兰垂直于管道中心线，表面相互平行；

4) 法兰的衬垫，应采用耐热无毒橡胶圈；

5) 应使用相同规格的螺栓，安装方向一致，螺栓应对称紧固，紧固好的螺栓应露出螺母之外，宜齐平；螺栓螺帽宜采用镀锌件；

6) 连接管道的长度应精确，当紧固螺栓时，不应使管道产生轴向拉力；

7) 法兰连接部位应设置支、吊架。

4. 支、吊架安装

(1) 管道安装时必须按不同管径和要求设置管卡和支、吊架，位置应准确，埋设要平整，管卡与管道接触应紧密，但不得损伤管道表面。

(2) 采用金属管卡和支吊架时，金属管卡与管道之间应采用塑料带或橡胶等软物隔垫。在金属管配件与给水聚丙烯管连接部位，管卡应设在金属配件一端。

(3) 立管和横管支吊架的间距符合规范的规定。

5. 试压

(1) 冷水管试验压力，应为管道系统工作压力的 1.5 倍，但不得小于 1.0MPa。

(2) 热水管试验压力，应为管道系统工作压力的 2.0

倍，但不得小于 1.5MPa。

(3) 管道水压试验应符合下列规定：

1) 热熔连接管道，水压试验时间应在 24h 后进行；

2) 水压试验前，管道应固定，接头需明露；

3) 管道注满水后，先排出管道内空气，进行水密性检查；

4) 加压宜用手动泵，升压时间不小于 10min，测定仪器的压力精度应为 0.01MPa；

5) 至规定试验压力，在 30min 内，允许补压两次升至规定压力稳定 1h，测试压力降不得超过 0.06MPa；

6) 在工作压力的 1.15 倍状态下，稳压 2h，压力降不得超过 0.03MPa，同时检查各连接处不得渗漏。

(4) 直埋在地坪面层和墙体内的管道，试压工作必须在面层浇捣或封堵前进行，达到试压要求后，土建方能继续施工。

6. 清洗、消毒

(1) 给水管道系统在验收前，应进行通水冲洗。冲洗水流速宜大于 2m/s，冲洗时，不应留死角，每个配水点龙头应打开，系统最低点应设放水口，清洗时间控制在冲洗出口处排水的水质与进水相当为止。

(2) 生活饮用水系统经冲洗后，还应用 20～30mg/L 的游离氯的水灌满管道进行消毒，含氯水在管中应滞留 24h 以上。

(3) 管道消毒后，再用饮用水冲洗，并经卫生管理部门取样检验，水质符合现行的国家标准《生活饮用水卫生标准》(GB 5749)后，方可交付使用。

7. 安全施工

(1) 管道连接使用热熔工具时，应遵守电器工具安全操作规程，注意防潮和脏物污染。

(2) 操作现场不得有明火，严禁对给水聚丙烯管材进行明火烘烤。

(3) 给水聚丙烯管道不得作为攀拉、吊架等使用。

(4) 直埋暗管封蔽后，应在墙面或地面标明暗管的位置和走向，严禁在管上冲击或钉金属钉等尖锐物体。

8. 贮运

(1) 搬管材和管件时，应小心轻放，避免油污，严禁剧烈撞击、与尖锐物品碰撞和抛、摔、滚、拖。

(2) 管材和管件应存放在通风良好的库房或简易棚内，不得露天存放，防止阳光直射，注意防火安全，距离热源不得小于1m。

(3) 管材应水平堆放在平整的地上，应避免弯曲管材，堆置高度不得超过1.5m，管件应逐层码堆，不宜叠得过高。

3.5.2 交联聚乙烯(PEX管)管道安装

1. 一般规定

(1)管道安装工程在施工前应具备以下条件：

1)设计施工图纸及其他技术文件齐备，已经会审。

2)已确定施工方案，且已经过技术交底，了解敷设方式。

3) 管道材料、管件和专用管件夹紧工具等已具备，且能保证正常施工。

(2) 管道安装前，施工人员应了解建筑物结构形式、吊顶高度、管井内管道数量，确定管位，且应掌握管件连接技术及其他基本操作要点。

(3) 管道在安装前，应对材料外观质量和管件的配合公差进行仔细检查，受污染的管材、管件内外污垢应彻底清理干净。施工过程中禁止污物污染管材管件。

(4) 管材表面注明的商标、规格、耐温和耐压等级、出厂日期等标记应面向外侧的显目位置。

(5) $DN \leqslant 25$mm 小口径管道安装时应利用管道弯曲性能，尽量不设或少设管道连接件，管道不设连接件的最小弯曲半径为 $8DN$。

(6) 管道穿越楼板、屋面混凝土、墙板及水池水箱池壁，应按设计要求配合土建预留孔洞、预埋套管或管件。预留孔径宜大于管外径 70mm，预埋套管的内径不宜大于管外径 50mm。

(7) 管道穿越屋面、楼板部位，应做好严格防渗漏措施，并按下列规定施工：

1）穿越部位管段中间应加一只铜箍件或其他紧固件。

2）立管安装结束，经检查无误后在板底支模，用C15细石混凝土或M15膨胀水泥砂浆二次嵌缝，第一次为楼板厚度的2/3，待达到50%强度后进行二次嵌缝到结构层面。

3）板面面层施工结束，在管道周围应采用M10水泥砂浆砌筑高度大于或等于20mm、宽度大于或等于25mm的阻水圈，或在管道及土建施工时加设硬聚氯乙烯套管，套管应嵌在板面整浇层或找平层内，但不得贯穿楼板孔，套管应高于最终完成面50mm；

4）穿越混凝土板墙应预埋钢制套管，穿越水池水箱池壁应预埋耐腐蚀金属材料套管或管件，管道安装结束，在穿越部位的中部，宜采用防水胶泥嵌实，宽度不小于50mm，待固化后两侧应用M15水泥砂浆嵌实，表面筑平。

（8）嵌墙敷设管道，在确定部位应配合土建预留或开凿管槽，槽壁与管外壁间距不应小于10mm，槽深不得小于管道外壁与墙面间距15mm，槽口应整齐顺通，弯曲管段管槽应随管道转弯，起转弯半径不小于8*DN*。

（9）敷设在吊顶内的横管，管壁距楼板底及吊顶构造面不宜小于50mm，横支管与立管或横干管连接的引出部位宜有长度为200～300mm的悬臂管段。

（10）冷热水管道，其立管及横管支承间距应符合表3－24的规定。

表 3－24　冷热水管道立管及横管支撑间距

管径 DN(mm)		20	25	32	40	50	63
立管(mm)		800	900	1000	1300	1600	1800
横管(mm)	冷水管	600	700	800	1000	1200	1400
	热水管	300	350	400	500	600	700

(11) 管道支承和支承件应符合以下规定：

1) 明敷直线管段固定支承距离，冷水管不宜大于6.0m，热水管不宜大于3.0m，根据现场情况可设置伸缩节；固定支承件应采用钢制件，应设在管件、管道附件附近；管道系统分流处在干管部位应设固定支承；

2) 管道伸缩宜利用管道折弯进行补偿，悬臂端长度不应大于表 3－24 规定，管段长度按下式计算确定：

$$L_z = K \cdot (\Delta L \cdot d_n)^{1/2} \qquad (3-4)$$

式中 L_z——自由臂最小长度(mm)；

ΔL——自固定支撑点起到转弯部位长臂的伸缩长度(mm)；

d_n——计算管段管道外径(mm)；

K——材料比例系数，取 20；

3) 明敷的冷热水直线管道，当采用伸缩节时，伸缩节宜设置在两固定支承点中间，伸缩节公称压力不得小于管道的公称压力；若全部支承点均为固定支承时，系统可不设伸缩节；

4）卡箍、卡件与管道紧固部位不得损伤管壁；

5）管道穿越墙体为活动支承点，在管道与套管或孔洞的空隙部位应采用软性填料填实。

（12）管道配水点，应采用耐腐蚀金属材料制作的内螺纹配件，且应与墙体固定牢固。

（13）管道安装结束，管口部位应采用管堵进行封堵，封堵耐压性能应满足管道试压要求。

（14）室外冷水管道隔热保温，宜按下列程序进行：

1）基体材料宜采用单面开口的高发泡聚乙烯管，保温管按管道口径配置，厚度不宜小于15mm；

2）保温材料包覆后，屋面冷水管宜外缠两道宽度为100～120mm、厚度为0.22mm的黑色聚氯乙烯薄膜；

3）保护层外表用1mm浸塑铁丝扎紧，间距为0.4～0.5m。

（15）明敷管道在有可能受阳光直射时，应采取避光措施。管道不得用作拉攀、吊件使用。

（16）管道系统附件、水表、阀门等宜有支承措施，附件重量或启闭阀门的扭矩不应作用于管路系统。

（17）管道在运输贮存中应避免阳光暴晒，并不得与易燃的危险品贮存在同一库房中。

2. 管道连接

（1）管道应采用企业配套的铜制管件、紧固环及施工紧固工具进行施工，*DN* 小于或等于 25mm 时，管道与管件连接宜采用卡箍式连接；*DN* 大于或等于 32mm 时，宜采用卡套式或卡压式连接。

(2) 卡箍式和卡套式连接橡胶密封圈材质，应符合卫生要求，且应采用耐热的三元乙丙橡胶或硅橡胶材料。

(3) 卡箍式管件连接应按下列程序进行：

1) 按设计要求设计的管径和确定的管道长度，用专用剪刀或细齿锯进行断料；管口应平整，端面应垂直管轴线；

2) 选择与管道相应口径的紫铜紧箍环套入管道，将管口用力压入管件的插口，直至管件插口根部；

3) 将紧箍环推向已插入管件的管口方向，使环的端口距管件承口根部 2.5～3mm 为止，用相应管径的专用夹紧钳夹紧铜环直至钳的头部两翼合拢为止；

4) 用专用定径卡板检查紧箍环周边，以不受阻为合格。

(4) 卡套式管件连接程序如下：

1) 按规定下料，管内口宜用专用刮刀进行坡口，坡度为 20°～30°，深度 1～1.5mm，坡口结束后再用清洁布将残屑揩擦干净；

2)卡套螺帽和 C 型锁紧环套入管口；

3) 管口一次用力推入管件插口至根部。管道推入时注意橡胶圈位置，不得将其延位或顶歪，如发生顶歪情况应修正管口的坡口，放正胶圈后，重新推入；

4）将C型锁环推到管口位置，旋紧锁紧螺帽。

（5）管道与其他管道附件、阀门等连接，应采用专用的外螺纹卡箍式或卡套式连接件。

3. 管道安装

（1）土建结构施工结束，管道安装进场时间应根据管道安装部位、敷设方法及土建配合情况确定。

（2）热水管道应与冷水管道平行敷设，水平排列时热水管宜在外侧；上下排列时应在冷水管上方。

（3）埋地管道敷设应符合以下规定：

1）埋地进户管应分室内和室外两阶段进行，先安装室内，伸出墙外200～300mm，待土建室外施工时再进行室外管道安装与连接；

2）进户管在室外部分根据建筑物沉降量情况，采取水平折弯进户；

3）室外管道管顶覆土深度不应小于300mm，穿越道路部位不应小于600mm；

4）管道在室内穿出地坪处应有长度不小于100mm的护套管，其根部应窝嵌在地坪找平层内；

5）管道若敷设在经夯实的填土层内，宜在填层夯实后按管道埋设深度进行开挖，但不得超深开挖。在敷设和回填时，接触面表面部位不得有粒径大于10mm的尖硬石块。

(4) 嵌墙管道安装应符合以下规定：

1) 管道应沿墙水平或垂直敷设；

2) 管槽断面尺寸应符合规定要求，管槽应顺通，冷热水槽中心距应按选用的水暖零件尺寸确定；

3) 按冷热水管配水点间距及标高进行布置，管道在槽内宜设管卡，间距 1.0～1.2m，且不应有无规则弯曲或受卡；

4) 管道嵌装施工结束，应进行二次试压，二次试压合格后方可进行土建粉刷或饰面施工；

5) 管道经二次试压合格后，应先将系统端部配水口的金属管件固定，其表面与建筑墙面或饰面相平。在复核标高和冷热水间距后，应用 M10 水泥砂浆窝嵌牢固，管口用金属管堵进行堵口；

6) 土建嵌槽应采用 M10 水泥砂浆，宜分二次进行，第一次窝嵌应超过管中心；待初硬后，第二次再嵌到与墙面相平，土建窝嵌时砂浆应密实饱满，且不得使管道移位或走动。

(5) 暗设管道安装应按以下程序进行：

1) 管道应按施工图进行定位，先确定固定支承点位置，再按表确定支承点位置，支承点位置确定后进行支承件施工；

2) 合理选择因温差变化而产生管道伸缩的补偿措施；

3）管道试压结束，对热水管道应按设计规定进行保温。

（6）分水器和管道系统应符合下列要求：

1）分水器应设置分水器盒或分水器壁龛，安装位置应按设计规定，其大小尺寸应满足管道接口及阀门安装要求；

2）采用硬聚氯乙烯波纹护套管进行护套，护套管口径宜按表3－25进行配置；

表3－25　　护套管选用

管径 DN(mm)	20	25
护套管最大管外径(mm)	32	40

3）护套管在土建施工时，应密切配合直接敷设或埋设，最小转弯半径不应小于其管道外径的 $8DN$，弯管两端和直线管段每隔1.0～1.2m间距应设管卡，护套管表面混凝土保护层不宜小于10mm；

4）管道在护套管内不得设有连接管件。

3.5.3　U－PVC发泡管排水管道施工

1. 材料

（1）管材、管件等材料应有产品合格证，管材应标有规格、生产厂的厂名和执行的标准号，在管件上应有明显的商标和规格，包装上应标有批号数量、生产日期和检验代号。产品经过国家正规化学检验单位检测并获得合格检测报告。

(2) 胶粘剂应标有生产厂名称、生产日期和有效期，并有出厂合格证和说明书。

(3) 管材和管件应在同一批中抽样进行外观、规格尺寸和管材与管件配合公差检查，不合格者退回原生产厂调换或协商解决。

(4) 管材和管件在运输、装卸和搬运时应轻放，不得抛、摔、拖。

(5) 管材管件堆放存储应符合下列规定：

1) 管材、管件均应存放于温度不大于 40℃的库房内，距离热源不得小于 1m。库房内应有良好的通风。

2) 管材应水平堆放在平整的地面上，不得不规则堆存，并不得暴晒。当用支垫时，支垫不得小于 75mm，其间距不得大于 1m，外悬的端头不宜大于 500mm，叠置高度不得超过 1.5m。

(6) 胶粘剂内不得含有团块、不溶颗粒和其他杂质，并不得成胶凝状态和分层现象，在未搅拌的情况下不得有析出物。不同型号的胶粘剂不得混合，寒冷地区使用的胶粘剂，其性能应选择适应当地气候条件的产品。

(7) 胶粘剂、丙酮等易燃品，在存放和运输过程中，必须远离火源，存放处应安全可靠，阴凉干燥，并应随用随取。

(8) 支承件可采用注塑成型塑料墙卡、吊卡等,当采用金属材料时,应作防锈处理。

(9) 管材包装不宜去除,宜在安装过程中保持管材的清洁。

(10) 条件可能时,与厂家协商将管长定为设计准确使用长度,以减少不必要的浪费。

2. 一般规定

(1) 施工过程中应提前作管道穿越墙壁和楼板的预留孔洞。孔洞尺寸当设计未规定时,应按比管径大50~100mm计,管道安装前,应检查预留孔的位置和标高,并应清除管材和管件承插口位置的污垢。

(2) 当施工环境与管材库房环境温度相差较大时,管材与管件应在安装前放置在现场一段时间,使其温度接近。

(3) 管道的检查口和清扫口应按规定设置,检查口位置和方向应便于检修。当立管设置在管道井、管窿或横管设置在吊顶内时,在检查口或清扫口位置应设检修门。

(4) 设置伸缩节,横管应采用锁紧式橡胶圈管件,当管径大于或等于160mm时,横干管宜采用弹性橡胶密封圈连接形式。当设计对伸缩量无规定时,管端插入伸缩节处预留的间隙,夏季为5~10mm、冬季为15~20mm。

(5) 非固定支承件的内壁应光滑,与管壁之间应留有微隙。

(6) 管道支承件的间距,立管管径为50mm的,不得大于1.2m，管径大于或等于75mm的，不得大于2m，横管直线管段支承件间距宜符合表3－26的规定。

表3－26　横管直线管段支承件的间距

管径(mm)	40	50	75	90	110	125	160
间距(m)	0.40	0.50	0.50	0.90	1.10	1.25	1.60

(7) 横管的坡度设计无要求时，按2‰计。

(8) 高级住宅中，排水立管应尽可能设置在厨卫的内墙阴角下，最好砌筑管道将其隐蔽起来。如果设在厅房的一角，宜将管道隐蔽在矩形空间中，之后砌筑管道井。这样既保持房内美观大方，又可将噪声污染减少到最小。

(9) 管道的配管及坡口应符合下列规定：

1) 锯管长度应根据实测并结合各连接件的尺寸逐段确定；

2) 锯管工具宜选用细齿锯、割管机等工具，端面应平整并垂直于轴线，应清除端面毛刺，管口端面处不得裂痕、凹陷；

3) 插扣处可用中号板锉锉成15°～30°坡口，坡口厚度宜为管壁厚度的1/3～1/2。

(10) 楼层管道系统的安装应在墙面粉刷后连续施工。当安装间断时，敞口处应临时封闭。

(11) 管道穿越楼层处施工应符合下列规定：

1) 管道穿越楼层处为固定支承点时，管道安装结束应配合土建进行支模，并应用C20细石混凝土分两次浇筑密实。浇筑结束后，结合找平层或面层施工，在管道周围应筑成厚度不小于20mm、宽度不小于30mm的阻水圈。

2）管道穿越楼层处非固定支承时，应装金属或塑料套管，套管内径可比穿越管外径大10～20mm，套管高出地面不得小于50mm。

（12）高层建筑内明敷管道，当设计要求采用防止火灾贯穿措施，应符合下列规定：

1）立管管径大于或等于110mm时，在楼板贯穿部分应设置阻火圈或长度不小于500mm的防火套管，且应在阻火套管周围筑阻火圈。

2）管径大于或等于110mm的横支管与暗设立管相连时，墙体贯穿部分应设置阻火圈或长度不小于300mm的防火套管，且防火套管的明露部分长度不宜小于200mm。

3）横干管穿越防火分区隔墙时，管道穿越墙体的两侧应设置阻火圈或长度不小于500mm的防火套管。

3. 埋地管道敷设

（1）施工前的准备：

1）对于采用胶结连接的聚氯乙烯管工程，在施工中最关键的是承插式粘结粘接口的准备，必须根据管件的公差，选购符合粘结间隙要求的管件。在数量上，除按照设计实际需要的外，对于常用管件如三通、弯头、直管接头等，应比实际需要增加2%～5%，以适应安装过程中管道不可避免的改动。某些特殊要求的材料，应在施工前准备好。

2）所有材料均应通过验收手续才能应用。管材、管件应符合公差要求，表面应光滑、平整，无气泡、波纹、凹陷、色泽不均、分解变色和其他明显缺陷，检验胶粘剂时，发现有混浊、变色、沉淀和结块等现象应剔除。超过使用期的胶粘剂须经试验合格后方可使用。密封胶圈应有弹性，硬度要符合要求，表面应光滑平整，无压损、开裂等缺陷。

3）管材和配件应放在温度低于40℃的库房并与热源隔离，且库房应通风良好。管材应水平堆放在料架上。架起堆放时，支承密度应不小于75mm，支点间距不大于1m，端部外悬不超过0.5m，叠放高度不超过1.5m，不得露天摆放。管件应按规格类别分别平放整齐，标明规格数量。胶粘剂及丙酮等清洗剂应摆放在通风阴凉的库房，并远离火源、热源。

4）准备好切割器具（如手锯、锉刀等）、安装工具（如管钳、扳手等）。

（2）施工顺序：

1）按图纸确定标高放线，开挖至要求深度；

2）检查并贯通各预留孔洞；

3）按各受水位置及管道走向进行测量，绘制实测的样图并详细注明尺寸、编号；

4）按实测的样图进行配管和预制；

5）按设计标高和坡度铺设埋地管；

6）作灌水实验，合格后做隐蔽工程验收。

（3）埋地管道敷设要求：

1）铺设埋地管道宜分为两段施工。先做设计标高±0.00以下的室内部分至伸出外墙为止，管道伸出外墙不得小于205mm；待土建筑施工结束后，再从外墙边铺设管道接入检查井。

2）埋地管道的管沟底应平整，无突出的尖硬物。宜设厚度为100～150mm砂垫层，填黄沙或细土，整平夯实，垫层宽度不应小于管外径的2.5倍，其坡度应与管道坡度相同，管沟回填土应采用回填至管沟以上至少200mm处，压实后再回填至设计标高。

3）当埋地管穿越基础做预留孔洞时，应配合土建按设计的位置与标高进行施工。当设计无要求时，管顶口部净空不宜小于150mm。

4）埋地管穿越地下室外墙及其他地下设施时，应采取防水措施。

5）由于地下管温度变化较小，一般不设置补偿器，为使聚氯乙烯管有一定的补偿能力，可在沟地面将其敷设成弯曲的“S”形。

6）埋地管与室外检查井的连接应符合下列规定：

① 与检查井相连的埋地排出管，其管端外侧应涂刷胶结剂后滚粘干燥的黄砂，涂刷厚度不得小于检查井井壁厚度。

② 相连部位应采用 M7.5 水泥砂浆分二次嵌实，不得有空隙，第一次应在井壁中段，嵌水泥砂浆，并在井壁两端各留 20～30mm，待水泥砂浆初凝后，再在井壁两端用水泥砂浆进行第二次嵌实。

③ 应用水泥砂浆在井外壁沿管壁周围排成三角形止水圈，如图 3－41 所示。

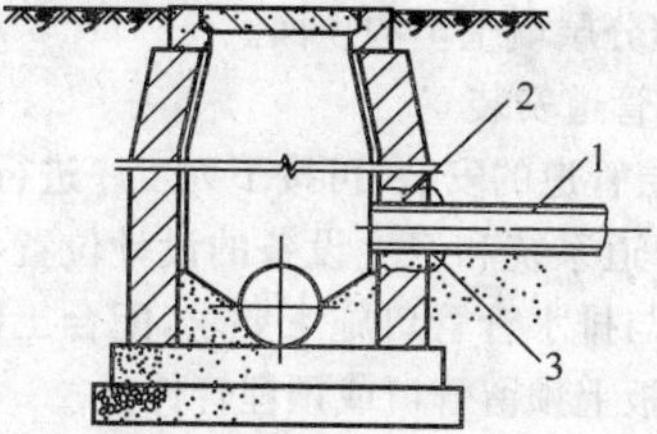

图 3－41　埋地管道与检查井相连

1－UPVC 管；2－水泥砂浆第一次嵌缝；3－水泥砂浆第二次嵌缝

7）埋地管灌水试验的灌水高度不得低于底层地面高度。灌水 15min 后，若水面下降，再灌满延续 5min，应以液面不下降为合格。试验结束应将存水排除，管内可能结冻处应将存水弯内积水排出，并应封堵各受水管管口。

8）埋地敷设的管道应经灌水试验合格且经隐蔽工程

检验合格后方可回填。回填应分层，每层厚度宜 0.15m。回填土应符合密实度要求。

9）聚氯乙烯管下沟后应随即覆土保护，以防止石块落入沟内损坏管道。在管道周围 20cm 范围内的填土，不允许有砖、石混入，以免擦伤管道表面。覆土前需将沟内积水排除，然后用干土覆入沟内。

10）覆土时应沿管段均匀分层回填，在地下水位低于沟底时，可水淹使其密实。除管沟顶层外，一般不用夯击。地下水位高于沟底时，用脚轻踩底层填土即可达到初步密实，然后相继分层填土至沟顶面。

4. 楼层管道安装

（1）楼层管道的安装，可按下列工序进行：

1）按管道系统和卫生设备的设计位置，结合设备排水口的尺寸与排水管管口施工要求，配合土建结构施工，在墙梁和楼板上预留管口或预埋管件。

2）检查各预留孔洞的位置、尺寸并加以贯通。

3）按管道走向及各管段的中心标记进行测量，绘制实测小样图，并详细注明尺寸。

4）按实测小样图选定合格的管段和管件，进行配管和裁管。预埋的管段配到完成之后应按小样图核对节点间尺寸及管件接口朝向。

5）选定支撑件和固定支架形式，按管道与支承间距选定支撑件规格和数量。

6）土建墙面粉刷后，可将材料和预制管段运至安装地点，按预埋管口位置及管道中心线，依次安装管道和伸缩节，并连接各管口。

7）在需要安装防水套管或阻火圈的楼层，先将防火套管或阻火圈套在管段外，然后进行管道接口连接。

8）管道安装应自下而上分层进行，先安装立管，后安装横管，连续施工。

9）管道系统安装完毕后，对管道的外观质量和安装尺寸进行复核检查，复查无误后，做通水试验。

（2）立管的安装应符合下列规定：

1）立管安装之前，应先按立管布置位置在墙面划线并安装管道支架。

2）安装立管时，应先将管段扶正，再按设计要求安装伸缩节，此后应先将管子插口试插，插入伸缩节承口底部，并按要求将管子拉出预留间隙，在管端划出标记。最后应将管端插口平直插入伸缩节承口橡胶圈中，用力应均衡，不得摇挤。安装完毕后，应随即将立管固定。

3）立管安装完毕后应按规定堵洞或固定套管。

（3）横管的安装应符合下列规定：

1）应先将预制好的管段用铁丝临时吊挂，察看无误后再进行粘结。

2）粘结后应迅速摆正位置，按规定校正管道坡度，用木楔卡牢接口，紧住铁丝临时加以固定。待粘结固化后，再紧固支承件，但不宜卡箍过紧。

3）横管伸缩节安装按规定进行。

4）管道支承后应拆除临时铁丝，并应将接口临时封严。

5）洞口应支模浇筑水泥砂浆封堵。

（4）伸顶通气管、通气立管穿过屋面外应按有关规程支模封洞，并应结合不同屋面结构形式采取防渗漏措施。

（5）接入横支管的卫生器具排水管在穿越楼层处，应按规定支模封洞，并采取防渗漏措施。

（6）安装后的管道严禁攀踏或借作他用。

3.5.4 给水铝塑复合管管道安装

1. 管道预制加工

（1）按设计图纸要求画出管道分路、管径、变径、预留管口、阀门位置等施工草图。在实际安装的结构位置做标记，按标记分段量出实际安装的准确尺寸，记录在施工草图上，然后按草图测得的尺寸进行管段预制加工。

（2）管道调直和切断：

1）管径小于或等于 20mm 的铝塑复合管可直接用手调直；管径大于或等于 25mm 的铝塑复合管调直一般在较为平整的地面上进行，用脚踩住管子，滚动管子盘卷向前延伸，压直管子，再用手调直。

2）切断管道应使用专用管剪或管子割刀。

(3) 管道的弯曲：管道公称外径不大于 32mm 的管道，转弯时应尽量利用管道自身直接弯曲。直接弯曲的弯曲半径，以管轴心计不得小于管道外径的 5 倍。管道弯曲时应使用专用的弯曲工具（管外径不大于 25mm 的管道可采用在管内放置专用弹簧，用手加力弯曲；管外径为 32mm 的管道可采用专用弯管器弯曲），并应一次弯曲成型，不得多次弯曲。

(4) 管道连接：铝塑复合管的连接方式宜采用卡套式连接。其连接件是由具有阳螺纹和倒牙管芯的主体、金属紧箍环和锁紧螺母组成。管芯插入管道后，拧动锁紧螺母，将预先套在管道外的金属紧箍环束紧，使管内壁与管芯密封，起到连接作用。

卡套式连接应按下列程序进行：

1) 按设计要求的管径和现场复核后的管道长度截断管道。然后检查管口，如发现管口有毛刺应磨平，管道不平整或端面不垂直管轴线时应修正。

2) 用专用刮刀将管口处的聚乙烯内层削坡口，坡角为 20°～30°，深度为 1.0～1.5mm，且应用清洁的纸或布将坡口残屑擦干净。

3) 用整圆器将管口整圆。

4) 将锁紧螺母和 C 形紧箍环套在管上，用力将管芯插入管内，至管口达管芯根部。

5) 将 C 形紧箍环移至距管口 0.5～1.5mm 处，再将锁紧螺母与管件本体拧紧。

2. 干管安装

室内给水管道的安装顺序一般为先地下后地上、先大管后小管、先立管后支管。给水干管通常指水平干管，分地下干管和地上干管两种。根据管道的敷设安装方式不同，干管安装可分为埋地干管安装和架空干管安装。

(1) 埋地干管安装。给水埋地干管的敷设安装，一般从给水引入管（又称进户管）穿基础墙处开始，先铺设地下室内部分，待土建施工结束后，再进行室外连接管的安装。开挖沟槽前，应根据设计图纸规定的管道位置、标高和土建给出的建筑轴线及标高线，确定埋地干管的准确位置和标高。埋地管道铺设，应在未经扰动的原土或在土建回填土夯实后重新开挖，严禁在回填土之前或未经夯实的土层中铺设。埋地干管铺设前，应对按照施工草图预制加工的管段进行通视检查，并将管道内外的污物清除干净。

铝塑复合管埋地铺设安装应注意如下问题：

1) 埋地进户管（引入管）穿外墙处，应预留孔洞，孔洞高度一般为管顶以上的净高不宜小于 100mm。公称外径不小于 40mm 的进户管道，应采用水平折弯后进户。

2) 埋地管道开挖的沟槽应平整，且不得有尖硬凸出物，必要时可铺 100mm 的砂垫层。沟槽回填前，应检查埋地干管与立管接口位置、方向是否正确，确认无误后方可进行回填土。

3）埋地管道回填时，管周围 100mm 以内回填土不得含有粒径大于 10mm 的尖硬石（砖）块。回填土应分层夯实，且不得损伤管道。室内埋地管道的埋设深度不宜小于 300mm。

4）埋地干管的铺设安装，应有 2‰～5‰的坡度坡向室外泄水装置，以便于管道检修时排除管内存水。

5）埋地铝塑复合管的管件，应做外防腐处理。防腐的做法，当设计无具体要求时可刷环氧树脂类油漆或按热沥青三油二布做法处理。

6）给水引入管与排水排出管的水平净距不得小于 1m。室内埋地给水干管与排水管道平行铺设时，两管间最小水平间净距不得小于 500mm；交叉铺时，垂直净距为 150mm，且给水管应铺设在排水管的上方。若给水管必须铺设在排水管的下面时，给水管应加套管，其长度不得小于排水管径的 3 倍。

7）埋地管道在室内穿出地坪处，应在管外套上长度不小于 100mm 的金属套管，套管根部应插入地坪内 30～50mm。

8）埋地干管铺设安装完毕，应按设计要求或按施工质量验收规范的有关规定进行水压试验，试压合格并经隐蔽工程验收后，方可进行覆土回填。

（2）架空干管安装。架空干管有两种，一种是敷设在地坪（±0.00）以下的架空干管，是从给水引入管（进户管）

穿过地下室外墙处进入室内的水平干管；另一种是敷设在地坪(±0.00)以上的架空干管，通常是指敷设在高层建筑顶层或其他楼层内的水平干管。这两种架空干管的安装方法和要求是相同的，管道是明装还是暗装，应由设计施工图确定。

架空干管的安装，首先应根据施工草图确定的干管位置、标高、管径、坡度、管段长度、阀门位置等和土建给出的建筑轴线、标高控制线，准确地确定管道支架的安装位置(预埋支架铁件的除外)，在应栽支架的部位画出大于孔径的十字线，然后打洞栽埋支架或采用膨胀螺栓固定管支架。

干管安装前，应先复核引入管穿过地下室外墙处的预埋防水套管和地上干管穿墙、梁等处的预埋套管或预留洞是否预埋、预留，位置是否正确，确认无误后方可进行管道安装。

干管安装，把预制完的管段运到安装现场，按编号依次排开，并在地面进行检查，若有歪斜扭曲，则应进行调直。上管时，应将管道放置在支架上，随即用预先准备好的管卡将管子暂时固定。与此同时，还应核查各分支口的位置方向，同时将各分支口堵好，防止泥砂进入管内，最后将管道固定牢。

架空干管安装注意事项如下：

1) 对于使用功能比较齐全的多层建筑或高层建筑，给水系统的架空干管位于该建筑内的设备层和管道层(又称技术层)内,往往是各种管道纵横交叉而又最集中的地方。因此,管道安装前,必须和采暖、通风、电气等专业安装单位一起认真对照设计图纸,及时研究可能出现的各种管道交叉打架问题。施工安装过程中,必须密切配合,涉及设计存在的问题,应由设计单位变更设计;属于一般性的矛盾,施工单位本着小管让大管、有压管道让无压管道、低压管道让高压管道等避让原则解决,并经设计单位认可。

2) 管道支承和支承件应符合下列规定:

① 无伸缩补偿装置的直线管段,固定支承件的最大间距:冷水管不宜大于6.0m,热水管不宜大于3.0m,且应设置在管道配件附近;

② 采用管道伸缩补偿器的直线管段,固定支承件的间距应经设计决定,管道伸缩补偿器应设在两个固定支承件的中间部位;

③ 采用管道折角进行伸缩补偿时,悬臂长度不应大于3.0m,自由臂长度不应小于300mm;

④ 固定支承件的管卡与管道表面应为面接触,管卡的宽度宜为管道外径的1/2,收紧管卡时不得损坏管壁;

⑤ 滑动支承件的管卡不应采用月牙形状的管卡,防止当管道压力波动时发生管道弹出管卡现象;

⑥ 根据《建筑给水排水及采暖工程施工质量验收规范》(GB 50242)规定,管道的最大支承间距应符合表3—27的规定。

表 3－27　塑料管及复合管管道支架的最大间距

管径(mm)	最大间距(m)		
	立管	水平管	
		冷水管	热水管
12	0.5	0.4	0.2
14	0.6	0.4	0.2
16	0.7	0.5	0.25
18	0.8	0.5	0.3
20	0.9	0.6	0.3
25	1.0	0.7	0.35
32	1.1	0.8	0.4
40	1.3	0.9	0.5
50	1.6	1.0	0.6
63	1.8	1.1	0.7
75	2.0	1.2	0.8
90	2.2	1.35	
110	2.4	1.55	

3）暗敷在吊顶内的管道，管道表面（有防结露保温的按绝热层表面计）与周围墙、板面的净距一般不小于50mm。

4）管道安装完毕，应对预埋防水套管与管道之间的环形缝隙进行嵌缝。先在套管中部塞3圈以上油麻，再用M10膨胀水泥砂浆嵌缝至平套管口。

管道穿过无防水要求的墙、梁、板的做法应符合两点：一是靠近穿越孔洞的一端应设固定支承将管道固定；二是管道与套管或孔洞之间的环形缝隙应用 M7.5 水泥砂浆填实。

5）管道上连接的各种阀门，应固定牢靠，不应将阀门自重和操作力矩传给管道。

6）管道外径不小于 40mm 的是直线形管材，有一定的刚度，敷设安装时应有 2‰～5‰的坡度坡向泄水装置。

7）敷设在吊顶内的干管，安装完毕应做水压试验，试压合格并经隐蔽验收后方可封闭。

3. 立管安装

立管安装，首先应根据设计图纸要求或给水配件和卫生器具的种类确定横支管的高度，在土建墙面上画出横线；再用线坠吊在立管的中心位置上，在墙上画出垂直线，并根据立管卡的高度在垂直线上确定出立管卡的位置并画好横线，然后再根据其交叉点打洞栽卡。铝塑复合管的立管卡应采用管材生产企业配套的产品；立管卡的安装，当楼层高度小于或等于 5m 时，每层须设 1 个；当楼层高度大于 5m 时，每层不少于 2 个；管卡的安装高度，应距地 1.5～1.8m；2 个以上管卡应均匀安装，同一房间管卡应安装在同一高度上。

管卡栽好后，再根据干管和横支管划线，测出各立管的实际尺寸，在施工草图上进行编号记录，在地面上进行预制和组装，经检查和调直后可进行安装。立管安装按顺序由下往上，层层连接，一般应两人配合，一人在下端托管，一人在上端安装。立管安装前，应先清除立管甩头处阀门或连接件的临时封堵物、污物和泥砂等，然后经检查管件的朝向准确无误后即可固定立管。

立管安装应注意下列问题：

1）铝塑复合管明设部位应远离热源，无遮挡或隔热措施的立管与炉灶的距离不得小于 400mm，距燃气热水器的距离不得小于 0.2m，不能满足此要求时应采取隔热措施。

2）铝塑管穿越楼板、屋面、墙体等部位，应按设计要求配合土建预留孔洞或预埋套管，孔洞或套管的内径宜比管道公称外径大 30～40mm。

3）铝塑复合管穿越屋面、楼板部位，应采取防渗措施，可按下列规定施工：

① 贴近屋面或楼板的底部，应设置固定支承件；

② 预留孔或套管与管道之间的环形缝隙，用 C15 细石混凝土或 M15 膨胀水泥砂浆分两次嵌缝，第一次嵌缝至板厚的 2/3 高度，待达到 50％强度后进行第二次嵌缝至板面平，并用 M10 水泥砂浆抹高、宽不小于 25mm 的三角灰。

4）布置在管井中的立管，应在立管上引出支管的三通配件处设固定支承点。

5）冷、热水管的立管平行安装时，热水管应在冷水管的左侧。

6）给水立管的始端应安装可拆卸的连接件（活接头），以方便以后维修。

7）铝塑复合管可塑性好，易弯曲变形，因此安装立管时，应及时将立管卡牢，以防止立管位移，或因受外力作用而产生弯曲及变形。

8）敷设在管道井内的管道，管道表面（有防结露保温时按保温层表面计）与周围墙面的净距不宜小于50mm。

9）暗装的给水立管，在隐蔽前应做水压试验，合格后方可隐蔽。

10）铝塑复合管立管的最大支承间距应符合表3—27的规定。

4. 支管安装

（1）支管明装。将预制好的支管从立管甩口处依次逐段进行安装，有阀门时应将手轮卸下再安装。根据管段长度加上临时固定卡，并核定不同卫生器具的预留口的高度、位置是否正确，找平找正后栽牢支管卡件，去掉临时固定卡。如支管装有水表，应先装上连接管，试压后交工前拆下连接管，安装水表。

（2）支管暗装。铝塑复合管的支管暗装方式通常有两种，一种是支管嵌墙敷设，另一种是支管在楼（地）面的找平层内敷设。嵌墙敷设和在楼（地）面的找平层内敷设的管道，其管外径一般不大于25mm，敷设的管道应采用整条管道，中途不应设三通接出支管，阀门应设在管道的端部。

1）管道嵌墙敷设：

① 嵌墙敷设的管槽，宜配合土建施工时预留（对于砖墙或轻质隔墙可直接开出管槽），管槽的底和壁应平整无凸出的尖锐物。管槽尺寸设计无规定时，管槽宽度宜比管道外径大 40～50mm，管槽深度比管道外径大 20～25mm。

② 铺放管后，应用管卡（或鞍形卡片）将管固定牢固，并经水压试验合格后方可封填管槽。

③ 管槽的填塞应采用 M7.5 水泥砂浆。冷水管管槽的填塞宜分两层进行：第一层填塞至 3/4 管高，砂浆初凝时应将管道略作左右摇动，使管壁与砂浆之间形成缝隙，即应进行第二层填塞，填满管槽与墙面抹平，砂浆必须密实饱满。

2）管道在楼（地）面找平层内敷设：

管道在楼（地）面找平层内敷设，管槽预留尺寸（宽度和深度）、管道铺放与固定、管槽填塞步骤和操作要求等均与管道的嵌墙敷设相同。

住宅内敷设在楼（地）面找平层内的管道，在走道、厅部位宜沿墙脚敷设；在厨、卫间内宜设分水器，并使各分支管以最短距离到达各配水点。从分水器接出的支管每一条对应一个卫生器具，这样从分水器至配水件之间的管道不需用三通再接支管，使管道的连接口设在管段两端，从而使接口可明露，便于检查维修，也可降低造价。分水器的安装应尽量使管道通顺，减少弯曲。当分水器的分支管嵌墙敷设时，分水器宜垂直安装；当分支管在楼（地）面找平层内敷设时，分水器宜水平安装。管道与分水器的连接口应方便检修。

（3）支管安装应注意的问题：

1）从给水立管接出装有3个或3个以上配水点的支管始端，应安装可拆卸的连接件。冷、热水管上下平行安装时，热水管应在冷水管的上方，支管预留口位置应左热右冷；冷、热水管垂直平行安装时，热水管应在冷水管的左侧。

2）明装给水支管应远离热源，立支管距灶边的净距不得小于0.4m，距燃气热火器的距离不得小于0.2m，不能满足要求时应采取隔热措施。

3）嵌墙敷设和在楼（地）面找平层内敷设的给水支管，隐蔽前应进行水压试验，试压合格后方可隐蔽。

4）厨房、卫生间是各种管道集中的地方，管道安装时各专业工种应协同配合，合理安排施工顺序，细心操作，避免打钉、钻孔时损伤管道和损坏土建防水层。

5）嵌墙敷设和在楼（地）面找平层内敷设的给水支管安装完毕，宜在墙面和地面管道所在位置画线显示，防止住户二次装修时损坏管道。

5. 管道试压

给水管道安装完毕应进行强度和严密性试验，试压分阶段性试压和系统试压。阶段性试压，是指埋地、嵌墙及设在吊顶内和管井内等暗敷设的管道，在隐蔽前必须进行水压试验。给水管道系统全部安装完毕后，应进行系统水压试验。

(1) 试压应具备的条件：

1) 管道施工安装完毕，并符合设计要求和施工验收规范(或规程)的有关规定。

2) 管道的支、吊架安装完毕；管道阀门、法兰、焊缝及其他应检查的部位未经涂漆和保温。

3) 不能参加试验的设备、仪表及管道附件等已暂时隔离或拆卸；试验用的临时加固措施经检查确定安全可靠。

4) 试验用的压力表已经校验，精度不低于1.5级，表的满刻度值为最大被测压力的1.5～2倍。

(2) 水压试验：根据《建筑给水排水及采暖工程施工质量验收规范》(GB 50242)的规定，室内给水管道的水压试验必须符合设计要求。当设计未注明时，管道系统的试验压力为工作压力的1.5倍，但不得小于0.6MPa。

铝塑复合管道系统试压的检验方法是：在系统试验压力下观测10min，压力降不应大于0.02MPa，然后降到工作压力进行检查，应不渗不漏为合格。

水压试验合格后应将管内水排除干净，排水时应将排气阀打开，补充管内排水所造成的真空，特别是冬天试压，水不排尽会冻坏管道。

8. 给水管道防冻、防结露和保温

(1) 管道应采取防冻、防结露措施的场所或部位

1）敷设在冬季不采暖建筑物内的给水管道，以及安设在受室外空气影响的门厅、过道等处的管道，在冬季有可能结冻时，应采取防结冻保温措施。保温材料选用及做法应符合设计要求。宜采用管外壁缠包岩棉管壳、玻璃纤维管壳、聚乙烯泡沫管壳等材料。

2）在采暖的卫生间及工作室温度较室外气温高的房间，如厨房、洗涤间等，当空气湿度较高的季节或管道内水温较室温低的时候，管道外壁可能产生凝结水，影响使用和室内卫生，必须采取防潮隔热措施；给水管道在吊顶内、楼板下和管井内等不允许管表面结露而滴水的部位，也应采取防潮隔热措施。防潮隔热层材料选用及做法应符合设计要求，一般宜采用管外壁缠包 15mm 厚岩棉毡带，外缠塑料布，接缝处用胶粘紧，或采用管外壁缠包聚氨酯泡沫塑料管壳 20mm 厚，外缠塑料布。

3）根据设计要求的其他场所或部位。

（2）管道保温、防潮和隔热施工要点

1）管道防冻保温及防潮隔热施工，应在防腐、水压试验合格后进行。如需先保温或预先做保温层，应将管道连接处环缝留出，待水压试验合格后再将连接处进行保温。

2）保温防潮层施工前，必须对所用材料检查其合格证或化验、试验记录，以保证保温材料品种、规格、性能等均符合设计要求和有关规定。

3）保温层施工时，在阀门、法兰及其他可拆卸部件的周围，应留出孔隙，其大小以能拆卸螺栓为准。保温层断面应做成45°角，并封闭严密。支、托架两侧应留间隙，以保证管道正常滑动。

4）保温结构层间粘贴应紧密、平整、压缝，圆弧均匀，伸缩缝布置合理，不应有环形断裂现象。采用成型预制块和缠裹材料时，接缝应错开，嵌缝要饱满。

5）防潮层应紧贴于保温层上，不允许有局部脱落和鼓包现象。

（3）管道保温层的厚度和平整度的允许偏差应符合表3—28的规定。

表3—28　管道及设备保温的允许偏差和检验方法

项次	项目		允许偏差(mm)	检验方法
1	厚度		+0.1δ −0.05δ	用钢针刺入
2	表面平整度	卷材	5	用2m靠尺和楔形塞尺检查
		涂抹	10	

注：δ为保温层厚度。

9. 给水管道通水试验

给水管道系统交付使用之前必须进行通水试验，并做好记录。试验方法：按设计要求同时开放的最大数量的配水点是否全部达到额定流量。

10. 给水管道冲洗和消毒检测

(1) 给水管道系统(生活给水管道和消防管道)在交付使用前须进行冲洗。冲洗应以系统最大设计流量或不小于 1.5m/s 的流速进行,直到各出水口的水色透明度与进水目测一致为合格。

(2) 生活饮用水管道在交付使用前应用每升水中含 20～30mg 的游离氯灌满管道进行消毒,含氯水在管中应留置 24h 以上。消毒完后,再用饮用水冲洗,并经卫生部门取样检验符合国家现行《生活饮用水卫生标准》(GB 5749)后,方可使用。

11. 管道和阀门安装的允许偏差

管道和阀门安装允许偏差和检验方法见表 3－29。

表 3－29　**管道和阀门安装允许偏差和检验方法**

项次	项目			允许偏差(mm)	检验方法
1	水平管道纵横方向弯曲	钢管	每 m	1	用水平尺、直尺、拉线和尺量检查
			全长 25m 以上	≯25	
		塑料管复合管	每 m	1.5	
			全长 25m 以上	≯25	
		铸铁管	每 m	2	
			全长 25m 以上	≯25	
2	立管垂直度	钢管	每 m	3	吊线和尺量检查
			5m 以上	≯8	
		塑料管复合管	每 m	2	
			5m 以上	≯8	
		铸铁管	每 m	3	
			5m 以上	≯10	
3	成排管段和成排阀门		在同一平面上间距	3	尺量检查

12. 室内给水管道安装常见质量问题与对策

室内给水管道安装常见质量问题与对策见表3—30。

表 3—30 室内给水管道安装常见质量问题与对策

项目		质量问题	对策
室内地下给水管道	1	管道渗漏或断裂	1. 管道安装完毕进行防腐隐蔽前,必须按设计要求和规范规定,做水压试验,并认真检查。发现渗漏,应及时查明原因,彻底处理; 2. 埋地管道变径处不宜选用管补芯。严禁将管道铺设在冻土或未经处理的松土上; 3. 管道试压后及时排空管腔内存水,防止冬季管内存水冻裂管道; 4. 管道接口必须按接口工艺施工; 5. 回填土时,严格按回填土工艺施工,防止损坏管道
室内地下给水管道	2	管道堵塞	1. 管道安装前将管腔内杂物清理干净; 2. 及时、牢固地封闭管道临时敞口处
	3	立管甩头不准	1. 管道甩头的标高及坐标经核对准确后,及时将管道固定牢靠,防止在其他工种施工时被碰撞或挤压而位移; 2. 施工前结合编制的施工方案,全面安排管道的敷设位置;关键部位的管道甩头尺寸应详细计算确定; 3. 管道的安装要注意土建施工中有关尺寸的变动情况,发现问题及时解决

续表

项目		质量问题	对　策
室内给水立管道	1	管道堵塞	1. 管道安装前要将管腔内杂物、毛刺等清理干净； 2. 管道安装中对临时间断的敞口处要及时封堵严密，不使污杂物落入管内
	2	立管不垂直	1. 在楼板上打凿或修整孔洞时，应认真用线坠找准立管中心，保证孔洞位置准确、直径适宜； 2. 因承重墙体影响管道坐标时，可采用冷弯或用弯头调整立管中心。因隔断墙影响管道坐标时，应拆掉墙体重砌； 3. 立管安装前，应再次复核立管甩头与室内墙壁装饰层厚度. 以利于及时调整立管中心位置
	3	立管渗漏	1. 安装立管时应严格按接口工艺施工，确保接口质量； 2. 按设计要求和规范规定，做系统的水压试验，并认真检查
室内水表	1	水表外壳边缘距墙内表面过近（小于10mm），过远（大于30mm）	按规范规定的要求，对表位进行调整或更换管段
	2	水表距地面标高与设计要求不符	按地面实际标高，对水表安装标高进行调整

续表

项目		质量问题	对　策
室内给水横支管管道	1	管道渗漏	1. 管道接口应严格按施工工艺标准规定施工； 2. 当系统安装完毕管道隐蔽前，必须按设计要求或规范规定做水压试验，并认真检查； 3. 管道横支管应有坡度，试压后要排空管内存水，防止冬季将管道及管件冻裂
	2	管道堵塞	1. 管材使用前应将管腔内污杂物清理干净，管道接口应严格按施工工艺进行施工，并防止油麻掉入管腔，堵塞水嘴等； 2. 管道施工的临时间断敞口处，应注意及时封堵，防止掉入灰浆等污杂物
	3	管道结露	1. 施工前要认真审核施工图，对可能产生结露处而设计未要求时，应提出做防结露处理； 2. 对设计有防结露要求的管道，应按设计要求的防结露措施和材料认真做防结露处理
室内水表	3	水表前后直线管段长度不符合规范规定	对设计不合理的要在图纸会审时解决；管路施工安装不合要求时，应对管路进行调整
	4	螺纹连接接口处，油麻不净	施工安装时，应将多余油麻随时进行清理干净
	5	螺纹连接中螺纹根部的外露螺纹无防腐处理	螺纹连接中其螺纹根部应留出外露螺纹并进行防腐处理

3.6 仪表管道安装

3.6.1 仪表管道的分类、管材及连接方式

按照用途的不同，仪表管道可分为测量管道、取样管道、信号管道、气源管道、冷却管道和排放管道等。

仪表管道的管材及连接方式主要有以下几种：

1. 紫铜管

紫铜管主要是用作传递气动信号、介质信号以及气源管道，其中 $\phi6$、$\phi8$、$\phi10$、$\phi14$(mm)规格的紫铜管常用作传递信号，管道的连接形式主要是承插连接(承口是管端退火后扩胀而成)，然后在承插口上进行铜焊或银焊。除承插连接方式外，也有用金属接头连接的。$\phi25$～$\phi100$mm 规格的紫铜管常用作气源管道，管道对口连接采用铜焊。

2. 塑料管

塑料管通常用尼龙、聚氯乙烯或聚乙烯管道。$\phi6$、$\phi8$mm 的尼龙管可用尼龙或金属接头连接；采用承插连接的塑料管可在粘接连接后用同材质的焊条在承插口上增加一道焊接。

3. 碳钢管

通常用规格为 $\phi12$、$\phi14$mm 的无缝钢管作为测量管道的导压管和伴热管，用气焊连接。而 $\phi8$、$\phi10$mm 的不锈钢或碳钢管，应先用套管连接后再用氩弧焊或气焊焊接套管

网端，以防焊瘤进入管腔而减小管内通径。镀锌钢管常用作压缩空气气源管道，常用规格为 $DN15 \sim DN100$，采用螺纹连接，填料用聚四氟乙烯生料带，禁用白厚漆和麻丝。

4. 铝管

铝及铝合金管仅用于因介质具有腐蚀性而不能采用铜管的地方，例如输送或测量氨液介质的管道。铝及铝合金管道的连接，管径在 ϕ15mm 以下采用承插连接，ϕ15mm 以上采用氩弧焊对口焊接。

5. 管缆

管缆是用聚氯乙烯软膜将几根尼龙管或紫铜管心包缠而成，一根小管子为一芯，分 4 芯、7 芯和 12 芯等几种。管缆中的导管用同材质的接头连接。

3.6.2 仪表管道安装

数根仪表管共架敷设，一般用角钢、扁钢制成桥式或吊桥形式，根据需要可多层敷设。管槽支架应尽量安装在垂直平面上，成排敷设的管道间距应均匀一致，支架的安装应符合管道坡度要求，管道支架的间距应尽量相等或均匀。

仪表管道安装前应吹洗干净，一般可用蒸汽吹洗或用干净布浸以煤油用镀锌低碳钢丝来回拉洗，除净管内油垢，如属氧气等禁油管道，必须进行脱脂清洗。清洗后的管道两端应临时封闭，并防止再次污染。

如设计对仪表管道的敷设位置无明确规定时，应按下列原则确定：

(1) 仪表管道的敷设应尽量短，以减少测量仪表的时间滞后，提高灵敏度。测量管道的长度应符合下列规定：

微压管道不超过 30m，压力管道不超过 50m，差压管道不超过 15m，烟气分析取样管道不超过 10m，黏性介质的测量管道不超过 30m，液压信号管道不超过 40m，气动信号管道不超过 100m。

(2) 仪表管道的水平段应有一定的坡度，测量管道一般应大于 1∶100，差压管道应大于 1∶20，回油管道应大于 1∶10。若管道较长，不能保持一定坡度时，可分段改变坡向，如管内传送的介质为液体时，管道最高点应设排气装置；如管道内传送介质为气体时，管道最低点应设排液装置。高压及放空管敷设时可不设坡度。

(3) 管道避免敷设在易受机械损伤、潮湿、腐蚀或有振动的场所。

(4) 差压测量管道不应靠近热表面，使其正、负压管的环境温度一致，以免产生测量误差。

各种仪表管的敷设应力求牢固整齐美观，并尽量减少弯曲和交叉，弯管处不得使用活接头。

仪表管穿墙或楼板时，应加保护套管。管道由防爆或有毒厂房进入非防爆或非有毒厂房时，在穿墙或楼板处应密封。管子的接口不得放在套管内。

紫铜管敷设前应退火，管道间应留有与管径相同的间隙，交叉处应有非金属垫隔离；铜管穿过箱壁时应用填料加以密封。

管缆敷设时应避免阳光直射，其周围环境温度不得大于 60℃；敷设时应防止机械损伤与交叉摩擦。

仪表管道敷设完毕后，应进行冲洗、试压和严密性试验。

第4章 管道试验与吹洗

4.1 管道试验

4.1.1 管道焊缝内部质量检验

工业金属管道焊缝的内部质量，应按设计文件的规定，及时进行射线照相检验或超声波检验。

管道焊缝的射线照相检验数量应符合以下规定：

下列管道焊缝应进行100%射线照相检验，其质量等级不得低于Ⅱ级：

(1) 输送剧毒流体的管道；

(2) 输送设计压力大于等于10MPa，或设计压力大于等于4MPa且设计温度大于等于400℃的可燃流体、有毒流体的管道；

(3) 输送设计压力大于等于10MPa且设计温度大于等于400℃的非可燃流体、无毒流体的管道；

(4) 设计温度小于−29℃的低温管道；

(5) 设计文件要求进行100%射线照相检验的其他管道。

输送设计压力小于等于1MPa且设计温度小于400℃的非可燃流体管道、无毒流体管道的焊缝，可不进行射线照相检验。

其他管道应进行抽样射线照相检验，抽检比例不得低于5%，其质量不得低于Ⅲ级。抽检比例和质量等级应符合设计文件的要求。

经建设单位同意，管道焊缝的检验可采用超声波检验代替射线照相检验，其检验数量应与射线照相检验相同。

4.1.2 管道的水压试验

水压试验分为强度试验和严密性试验。强度试验是检查管道的机械强度，严密性试验是检查管道连接的严密性。

水压试验前应当做好准备工作和检查工作。准备工作包括试压方案、检漏方法的确定及相应的试压机具、材料等的准备。检查工作包括施工技术资料是否齐全，管道的走向、坡度、各类支架、补偿器、法兰螺栓、焊缝的热处理、应设的盲板、压力计等项工作是否达到要求。

管道试压前，管道接口处不应进行防腐及保温，埋地敷设的管道，一般不应覆土，以便试压时检查。

试压前应将不应参与试验的设备、仪表、阀件等临时拆除。管道系统中所有开口应封闭，系统内阀门应开启。水压试验时，系统最高点装放气阀，最低点设排水阀。充水应从系统底部进行。试压时，应用精度等级为1.5级的压力表2只，表的满刻度为最大被测压力的1.5～2倍。试验时应缓慢升压至试验压力，然后检查管道各部位的情况，如发现泄漏，应泄压后进行修理，不得带压修理。泄漏或其他缺陷消除后重新试验。

管道系统的压力试验一般以水为试验介质。试压用水应当清洁，对奥氏体不锈钢管道和容器进行试验时，水中氯离子含量不得超过 25×10^{-6}(25ppm)。当管道的设计压力小于或等于0.6MPa时，也可采用气体为试验介质，但应采取有效的安全措施。脆性材料严禁使用气体进行压力试验。

根据《工业金属管道工程施工及验收规范》(GB 50235)的有关规定，工业金属管道的水压试验如设计无规定时，可按表4—1规定进行。

表4—1　　工业金属管道的水压试验压力(MPa)

<table>
<tr><th colspan="2">管道类别</th><th>设计压力 P</th><th>试验压力</th></tr>
<tr><td colspan="2">承受外压力的管道</td><td>内压 P_N，外压 P_W</td><td>$2(P_N-P_W)$，且不小于0.2</td></tr>
<tr><td colspan="2">地上钢管及有色金属管道</td><td>—</td><td>$1.5P$</td></tr>
<tr><td rowspan="3">埋地管道</td><td>钢管</td><td>—</td><td>$1.5P$，且不小于0.4</td></tr>
<tr><td rowspan="2">铸铁管</td><td>$\leqslant5$</td><td>$2P$</td></tr>
<tr><td>>5</td><td>$P+0.5$</td></tr>
</table>

注：本表与过去规范不同的是：不再区分强度试验和严密性试验；钢管及有色金属管道的试验压力一般为设计压力的1.5倍。而在旧规范中，中低压地上管道的强度试验压力为设计压力1.25倍，高压管的强度试验压力为设计压力的1.5倍。

当管道与设备作为一个系统进行试验，管道的试验压力大于设备的试验压力，且设备的试验压力不低于管道设计压力的1.15倍时，经建设单位同意，可按设备的试验压力进行试验。

当碳钢管道的设计温度高于试验温度时，试验压力应按下式计算：

$$P_s = 1.5P \times \frac{[\sigma]_1}{[\sigma]_2} \qquad (4-1)$$

式中 P_s——试验压力(MPa)；

P——设计压力(MPa)；

$[\sigma]_1$——试验温度下，管材的许用应力(MPa)；

$[\sigma]_2$——设计温度下，管材的许用应力(MPa)。

当$[\sigma]_1/[\sigma]_2$大于6.5时，取6.5。

水压试验应在气温5℃以上进行，气温低于0℃时要采取防冻措施，试压后及时把水放净。

各种常用管道的压力试验规定如下：

(1)室外给水管道。室外给水管道水压试验压力见表4-2。

表4-2 室外给水管道水压试验压力(MPa)

管材	工作压力 P	试验压力 P_s
碳素钢管	P	$P+0.5$，但不小于0.9
铸铁管	$P\leqslant 0.5$	$2P$
	$P>0.5$	$P+0.5$
预应力、自应力钢筋混凝土管	$P\leqslant 0.6$	$1.5P$
	$P>0.6$	$P+0.3$

注：本表适用于市政给水管道。

(2)室内给水排水管道。室内给水管道水压试验的要求见表4－3。

隐蔽、埋地的室内排水管道隐蔽前必须进行灌水试验，其灌水高度应不低于底层地面的高度并符合设计要求，满水15min，水面下降后再满水5min，水面不降为合格。楼层排水管道应做通水试验，全部排水管道应做通球试验。

一般建筑物雨水管道的灌水高度必须达到每根立管最上部的雨水漏斗。

表4－3　室内给水管道水压试验压力

管道分类	工作压力(MPa)	试验压力 P_s(MPa)	合格标准
室内给水系统及其与消防、生产合用的系统	P	$P_s=1.5P$，但不得小于0.6	10min内压力降不大于0.05MPa，然后降压至工作压力P作外观检查，以不漏为合格

(3)室外供热管网。室外供热管网的水压试验压力见表4－4。

(4)室内采暖及热水供应管道。室内采暖及热水供应系统的水压试验要求见表4－5。

表 4—4　室外供热管网的水压试验

管道分类	工作压力(MPa)	试验压力 P_s(MPa)	合格标准
室外供热管网	P	$P_s = 1.5P$，但不小于 0.6	在试验压力下观测 10min，如压力降不大于 0.05MPa；然后降至工作压力进行检查，以不漏为合格

表 4—5　室内采暖系统及热水供应系统水压试验压力

管道分类	工作压力(MPa)	试验压力 P_s(MPa)	合格标准
低压蒸汽采暖系统($P \ngtr 0.07$MPa)	P	以系统顶点工作压力的 2 倍作水压试验，但在系统低点的试验压力不得小于 0.25	在 5min 内压力降不大于 0.02MPa 为合格；如采暖系统低点的试验压力大于散热器所能承受的最大压力，应分层作水压试验
热水采暖系统、热水供应系统及工作压力超过 0.07MPa 的蒸汽采暖系统	P	以系统顶点工作压力加 0.1 作水压试验，但系统顶点的试验压力不得小于 0.3	

(5)室外燃气管道。室外燃气管道压力试验的要求见表4—6。

表4—6　　室外燃气管道的压力试验

管道分类	工作压力 P (kPa)	强度试验压力 P_s(kPa)	严密性试验压力 P_s(kPa)
室外燃气管道	P	$P_s=1.5P$,但钢管 $P_s \nless 300$,铸铁管 $P_s \nless 50$。稳压1h后进行检查	当 $P \leqslant 5$ 时,$P_s=20$;当 $P>5$ 时,$P_s=1.15P$,但 $P_s \nless 100$

根据《城镇燃气输配工程施工及验收规范》(CJJ 33)的规定,室外燃气管道的严密性试验时间为24h,如压力降不超过以下计算结果,则认为合格。

1)当设计压力为 $P \leqslant 5$kPa 时:

对于同一直径的管道

$$\Delta P=40\frac{T}{d} \tag{4—2}$$

对于不同直径的管道

$$\Delta P=\frac{40T(d_1L_1+d_2L_2+\cdots d_nL_n)}{d_1{}^2L_2+d_2{}^2L_2+\cdots d_n{}^2L_n} \tag{4—3}$$

2)当设计压力为 $P>5\text{kPa}$ 时：

对于同一直径的管道

$$\Delta P=6.47\frac{T}{d} \tag{4-4}$$

对于不同直径的管道

$$\Delta P=6.47\frac{T(d_1L_1+d_2L_2+\cdots d_nL_n)}{d_1{}^2L_2+d_2{}^2L_2+\cdots d_n{}^2L_n} \tag{4-5}$$

式中　ΔP——允许压力降(Pa)；

T——试验时间(h)；

d——管道内径(m)；

d_1、$d_2\cdots d_n$——各管段内径(m)；

L_1、$L_2\cdots L_n$——各管段长度(m)。

试验实测的压力降，应根据在试压期间管内温度和大气压的变化，按下式予以修正：

$$\Delta P'=(H_1+B_1)-(H_2+B_2)\frac{273+t_1}{273+t_2} \tag{4-6}$$

式中　$\Delta P'$——修正压力降(Pa)；

H_1、H_2——试验开始和结束时的压力计读数(Pa)；

B_1、B_2——试验开始和结束时的气压计读数(Pa)；

t_1、t_2——试验开始和结束时的管内温度(℃)。

计算结果 $\Delta P'\leqslant\Delta P$ 为合格。

(6)室内燃气管道。室内燃气管道的压力试验要求见表 4－7。

表 4—7　室内燃气管道的压力试验

管道分类	严密性试验	合格标准
工作压力 $P \ngtr$ 5kPa 的低压燃气管道	介质为空气，试验压力 P_s =5kPa	压力测量采用最小刻度为 1mm 的充水 U 形压力计，稳压 10min，压力降不超过 40Pa（$4mmH_2O$）为合格

4.1.3　管道的气压试验

在工业金属管道中，钢管和有色金属管道的试验压力应为设计压力的1.15倍。当管道的设计压力大于0.6MPa时，必须有设计文件规定或经建设单位同意，方可用气体进行压力试验。试验前必须用空气进行预试验，压力宜为0.2MPa。试验时应逐步缓慢加压，当压力升至试验压力的 50%时，如未发现泄漏，可按试验压力的 10%逐级升压，每级稳压 3min，直至试验压力，稳压 10min 再降至设计压力，以发泡剂检查不泄漏为合格，停压时间应根据检查工作需要而定。

过去的施工验收规范规定，对介质为剧毒、易燃、易爆的管道系统，应在系统吹洗后进行泄漏量试验，试验压力应为设计压力，并保持 24h。但现行《工业金属管道施工及验收规范》(GB 50235)规定，输送剧毒流体、有毒流体和可燃流体的管道，必须按以下规定进行泄漏性试验：泄漏性试验应在压力试验合格后进行,试验介质宜为空气,泄漏性试验压力应为设计压力。试验可结合试车工作一并进行,应重点检查阀门填料、法兰或螺纹连接处,以发泡剂检验不泄漏为合格。经气压试验合格后未拆卸过的管道,可不进行泄漏性试验。

真空管道的试验压力应为 0.2MPa,在压力试验合格后,还应按设计文件的规定进行 24h 的真空度试验,增压率不应大于 5%。

4.2 管道系统的吹洗

管道系统强度试验合格后,或严密性试验前,应分段进行吹扫与清洗,简称吹洗。当管道内杂物较多时,也可在压力试验前进行吹洗。对管道进行吹洗的目的是为了清除管道内的焊渣、泥土、砂子等杂物。

4.2.1 吹洗介质的选用

管道吹洗所用的介质有水、蒸汽、空气、氮气等。一般情况下,液体介质的管道用蒸气吹扫;气体介质的管道用空气或氮气吹扫。例如:水管道用水冲洗;压缩空气管道用空气吹洗;乙炔、煤气管道也用空气吹扫;氧气管道用无油空气或氮气进行吹扫。

4.2.2 吹洗的要求

1. 吹洗方法

吹洗方法是根据管道脏污程度来确定的。吹洗介质应有足够的流量,吹洗介质的压力不得超过设计压力,流速不低于工作流速。

2. 吹洗的顺序

管道吹洗的顺序一般应按主管、支管、疏排管依次进行,脏液不得随便排放。

3. 保护仪表

吹洗前应将管道系统内的仪表加以保护,并将孔、喷嘴、滤网、节流阀及单流阀阀芯等拆除,妥善保管,待吹洗后复位。

4. 吹扫时应设置禁区。

4.2.3 水冲洗

(1) 水冲洗的排放管应从管道末端接出,并接入可靠的排水井或沟中,并保证排泄畅通和安全。排放管的截面积不应小于被冲洗管截面的60%。

(2) 冲洗用水可根据管道工作介质及材质选用饮用水、工业用水、澄清水或蒸气冷凝液。如用海水冲洗时,则需用清洁水再冲洗。奥氏体不锈钢管道不得使用海水或氯离子含量超过-25×10^{-6}(25ppm)的水进行冲洗。

(3) 水冲洗应以管内可能达到的最大流量或不小于1.5m/s的流速进行。

(4) 水冲洗应连续进行,当设计无规定时,则以出口处的水色和透明度与入口处水色和透明度目测一致为合格。

(5) 管道冲洗后应将水排尽,需要时可用压缩空气吹干或采取其他保护措施。

4.2.4 空气吹扫

(1) 空气吹扫一般采用具有一定压力的压缩空气进行吹扫,其流速不应低于 20m/s。

(2) 空气吹扫时,在排气口用白布或涂有白漆的靶板检查,如 5min 内检查其上无铁锈、尘土、水分及其他脏物即为合格。

4.2.5 蒸汽吹扫

(1) 一般情况下,蒸汽管道用蒸汽吹扫,非蒸汽管道如用空气吹扫不能满足清洁要求时,也可用蒸汽吹扫,但应考虑其结构是否能承受高温和热膨胀因素的影响。

(2) 蒸汽吹扫前,应缓慢升温暖管,且恒温 1h 后,才能进行吹扫;然后自然降温至环境温度,再升温、暖管、恒温进行第二次吹扫,如此反复一般不少于三次。

(3) 蒸汽吹扫的排气管应引至室外,并加以明显标志,管口应朝上倾斜,保证安全排放。排气管应具有牢固的支承,以承受其排空的反作用力。排气管道直径不宜小于被吹扫管的管径,长度应尽量短捷。蒸汽流速不应低于 20m/s。

(4) 绝热管道的蒸汽吹扫工作，一般宜在绝热施工前进行，必要时可采取局部的人体防烫措施。

(5) 蒸汽吹扫的检查方法及合格标准：一般蒸汽或其他管道，可用刨光木板置于排汽口处检查，当板上无铁锈、脏物为合格。

4.2.6 **脱脂**

(1) 忌油管道系统，必须按设计要求进行脱脂处理。脱脂前可根据工作介质、管材、管径、脏污情况制定管道的脱脂方案。

(2) 有明显油迹和严重锈蚀的管子，应先用蒸汽吹扫、喷砂或其他方法清除油迹、铁锈，然后再进行脱脂。

(3) 管道脱脂可采用有机溶剂，具体选用可按表4—8选用。选用的溶剂或配方须经鉴定合格后，才能使用。

表4—8 **脱脂溶剂性能用途表**

名称	用途
二氯乙烷	有毒、易燃，适用于有色金属脱脂，对黑色金属有腐蚀
四氯化碳	有毒、不燃，适用于黑色金属和非金属脱脂，对有色金属有腐蚀
三氯乙烯	有毒、易燃，适用于金属脱脂，无腐蚀
精馏酒精	浓度不低于96%，无毒、易燃，脱脂性差

4. 脱脂方法

（1）管子内表面脱脂可将一端先用塞子堵死，灌入深剂后，把另一端也堵塞，平放保持15min左右，并把管子滚动3～4次。也可将管子浸入盛有脱脂溶液的长槽内脱脂，最后将管内溶液倒出用排风机吹干或自然风吹干。

（2）金属管件应放在封闭容器的溶液中浸泡20min以上，非金属管件浸泡1.5～2h，取出后挂在风中吹干。

（3）石棉填料可在300℃温度下，灼烧2～3min，脱脂后涂以石墨。

5. 检查脱脂质量的方法及合格标准

用清洁干燥的白滤纸擦拭管道及附件内壁，纸上无油脂痕迹为合格。也可用紫外线灯照射，脱脂表面无紫蓝色萤光为合格。

4.2.7 油清洗

（1）润滑、密封及控制油管道，应在机械及管道酸洗合格后，系统试运转前进行油清洗。不锈钢管，宜用蒸汽吹洗干净后进行油清洗。

（2）油清洗应采用适合于被清洗机械的合格油品。

（3）油清洗的方法应以油循环的方式进行，循环过程中每8h应在40～70℃的范围内反复升降油温2～3次，并应及时清洗或更换滤芯。

（4）油清洗应达到设计要求标准，当设计文件或制造厂无要求时，管道油清洗后应采用滤网检验，合格标准应符合表 4－9 的规定。

表 4－9　　　　油清洗合格标准

机械转速(r/min)	滤网规格(目)	合格标准
≥6000	200	目测滤网，无硬粒及粘稠物；每 cm^2 范围内，软杂物不多于 3 个
<6000	100	

（5）油清洗合格的管子，应采取有效的保护措施。

参考文献

1. 本书编写组编. 建筑施工手册(第四版)缩印本. 北京:中国建筑工业出版社. 2003
2. 本社编. 现行建筑施工规范大全(修订缩印本). 北京:中国建筑工业出版社. 2002
3. 建设部人事教育司组织编写. 管道工. 北京:中国建筑工业出版社. 2002
4. 于培旺编著. 水暖工操作技巧. 北京:中国建筑工业出版社. 2003
5. 北京土木建筑学会编. 建筑给水排水及采暖工程施工操作手册. 北京:经济科学出版社. 2005
6. 北京土木建筑学会编. 通风与空调工程施工操作手册. 北京:经济科学出版社. 2005
7. 北京市地方性标准. 建筑安装分项工程施工工艺规程(DBJ/T 01—26—2003)
8. 北京土木建筑学会主编. 建筑工程技术交底记录(第2版). 北京:经济科学出版社. 2005

—